Propan-Butan

Eigenschaften und Anwendungsgebiete der Flüssiggase

Von

Dr.-Ing. Geert Oldenburg
Hamburg

Zweite erweiterte Auflage

Mit 52 Abbildungen

Springer-Verlag Berlin Heidelberg GmbH
1966

ISBN 978-3-642-92919-9 ISBN 978-3-642-92918-2 (eBook)
DOI 10.1007/978-3-642-92918-2

Library of Congress Catalog Card Number 66-19776

Titelnummer 0752

Vorwort

Die leichten gasförmigen Kohlenwasserstoffe, die bei der Verarbeitung von Erdöl in den Mineralölraffinerien anfallen, waren ursprünglich Abfallprodukte, für die es wenig Verwendungsmöglichkeiten gab. Man ließ sie ungenutzt entweichen, d.h., sie wurden abgefackelt. – Allenfalls ließen sich diese brennbaren Gase als Brennstoff für die zahlreichen und mannigfaltigen Feuerstellen im Werk selber verbrauchen, wurden also einem Verwendungszweck zugeführt, der sonst überwiegend durch schwere Destillationsrückstände, das Heizöl, bestritten wurde. Nicht lange vor diesem Stadium war auch das Benzin einmal ein solcher Anfallüberschuß gewesen und mußte teilweise abgefackelt werden, bis die zunehmende Motorisierung unserer Zeit es als wertvollen Brennstoff aufnehmen konnte. – Gerade diese Motorisierung mit ihrem großen Bedarf an Vergaser- und Dieselkraftstoff ist es gewesen, die durch Einführung von Crack- und Hydrieranlagen, in denen die Destillationsrückstände zu leichten Bestandteilen aufgespalten wurden, den Anfall von großen Mengen an leichten gasförmigen Kohlenwasserstoffen herbeiführte. Durch die Abtrennung der Fraktion Propan bis Butan erhielt man das „Flüssiggas", für das sich anfänglich nur beschränkte Verwendungsmöglichkeiten im Haushalt als „Brenngas" und im Ottomotor des Kraftwagens als „Treibgas" fanden. Der weitere Ausbau dieser Verwendungsgebiete sowie die weitere Verbesserung des Flüssiggases durch Trennung der Komponenten Propan und Butan und Abzweigung der ungesättigten Bestandteile, der Olefine, für die Weiterverarbeitung in der chemischen Industrie schufen neue Abnehmerkreise nicht zuletzt in der Industrie und im Gewerbe.

Heute werden bereits über 1300000 t Flüssiggas jährlich in der Bundesrepublik verbraucht und finden als hochwertiges und begehrtes Produkt Abnehmer. Allein etwa 1,6 Mill. Haushalte verbrauchen jährlich rd. 130000 t Flüssiggas. Das alte klassische Anwendungsgebiet als Treibgas für den Betrieb von Kraftfahrzeugen wurde nicht zuletzt aus fiskalischen Gründen fast völlig fallengelassen, so daß die hierfür verbrauchten Mengen heute nicht mehr ins Gewicht fallen. Allein die chemische Industrie übernimmt fast 700000 t ungesättigte Verbindungen jährlich für die Weiterverarbeitung zu chemischen Produkten.

Auch bei geplanten Produktionserweiterungen und möglichen Importerhöhungen in den nächsten Jahren ist kein Anteil zu erwarten, der die Bedarfskapazität überschreitet.

Das Flüssiggas hat sich heute in der Bundesrepublik einen aufnahmefähigen Markt erobert, der sich ebenso wie im Ausland weite interessante industrielle Anwendungsgebiete erschließt.

Nur wenigen sind die chemischen und physikalischen Eigenschaften von Propan und Butan vertraut. Einerseits ist dieser Brennstoff zu jung, um zum allgemeinen Wissensgebiet zu gehören, und andrerseits bietet die deutschsprachige Fachliteratur sehr verstreut und nur wenig Material. Aus diesem Grunde wurde der Inhalt des vorliegenden Buches bewußt auf die Praxis eingestellt und auf eine zu theoretische Behandlung des Themas verzichtet.

Hamburg, im Frühjahr 1966

G. Oldenburg

Inhaltsverzeichnis

Inhaltsverzeichnis

Physikalische und brenntechnische

[Zum Teil Mittelwerte aus D

1	*Kohlenwasserstoffe und Vergleichsgase*			*Methan* CH_4	*Äthan* C_2H_6
2	*Strukturformel* *H = Wasserstoffatome* *C = Kohlenstoffatome*	*Meßbedingungen*	*Maßeinheiten*	H H–C–H H	H H H–C–C–H H H
3	*Molekulargewicht*			16,03	30,070
4	*Kohlenstoffgehalt*		Gew. %	75	79,9
5	*Wasserstoffgehalt*		Gew. %	25	20,1
6	*Dichte (Wichte, spez. Gew.) der flüssigen Phase*	bei 15 °C	kg/l	0,324	0,374
	des Gases	bei 0 °C, 1 ata	kg/Nm³	0,717	1,356
	Dichteverhältnis Gas/Luft (relativ. Normgewicht)	bei 15 °C, Luft = 1		0,555	1,051
7	*Kritische Temperatur*		°C	−82,5	32,2
8	*Kritischer Druck*		°C	47,2	50,6
9	*Schmelzpunkt (Erstarrungstemperatur)*		°C	−184	−183
10	*Siedepunkt (Verflüssigungstemperatur)*	bei 1 ata	°C	−161	−89
11	*Zersetzungstemperatur*	bei 1 ata	°C	540−675	435−450
12	*Verdampfungswärme*	beim Siedepunkt, 1 ata	kcal/kg	136	117,0
		bei 30 °C, unter Überdruck	kcal/kg		27
13	*Spezifische Wärme der flüssigen Phase*		kcal/kg °C		
14	*Dampfdruck (Verflüssigungsdruck)*	bei 20 °C	atü		37,5
		bei 0 °C	atü		23,3
		bei −10 °C	atü		18,0
15	*Volumen von 1 kg flüssiger Phase*	bei 0 °C, 1 ata	l/kg		
		bei 15 °C, 1 ata	l/kg	3,45	2,68
		bei 60 °C, 1 ata	l/kg		
16	*Volumen von 1 kg Gasphase*	bei 0 °C, 1 ata	l/kg	1400	738
		bei 15 °C, 1 ata	l/kg	1477	781

(Fortsetz

I

von Kohlenwasserstoffen (Brenngase)

schiedener Veröffentlichungen]

n	Propan C_3H_8	Propylen C_3H_6	Butan (n-Butan) C_4H_{10}	Isobutan (i-Butan) C_4H_{10}	Butylen (n-Butylen) C_4H_8	Isobutylen (i-Butylen) C_4H_8	Vergleichsdaten Wasserstoff H	Acetylen C_2H_2	Stadtgas
	H H H H-C-C-C-H H H H	H H C=C-C-H H H H	H H H H H-C-C-C-C-H H H H H	H H H H-C-C-C-H H	H H-C-H H	H H H C=C-C-C-H H H H H	H H H-C-C-C-H H ‖ H H-C-H	H—H	HC≡CH	
54	44,097	42,081	58,124	58,124	56,108	56,108	2,0156	26,04	
	81,7	85,6	82,7	82,7	85,6	85,6	0	92,4	
	18,3	14,4	17,3	17,3	14,4	14,4	100	7,6	
)	0,509	0,522	0,583	0,563	0,60	0,60	0,0708	0,518	
61	1,965	1,874	2,675	2,668	2,5	2,5	0,08987	1,1709	0,56 - 0,61
75	1,550	1,481	2,091	2,065	1,94	1,94	0,069	0,900	~ 0,43
	96,8	91,4	152,3	133,7	143,9	144,7	- 239,9	35,7	
	47,0	43,4	38,8	37,8	40,5	40,9	13,2	63,6	
	- 188	- 185	- 138	- 159	- 185	- 140	- 259,2	- 81,8	
	- 42,2	- 47,7	- 0,5	- 11,7	- 6,3	- 7,1	- 252,8	- 83,6	
0	425 - 460	355 - 375	400 - 435	400 - 435	325 - 350	325 - 350	—	—	
	101,8	105	92,1	87,6	96	93	111,6	164,1	
	80			.77					
	0,51		0,58	(0,50)	(0,56)	(0,58)	(3,42)		
	7,5	9,5	1,2	2,1	1,8				
	3,8	5,1	0,05	0,65	0,4				
	2,5	3,6	—	0,12	—				
	1,88		1,67	1,72					
)	1,96	1,92	1,72	1,78	1,67	1,67	14,1	(1,93)	
	2,32		1,89	1,98					
	508	530	373	375	400	(400)	11130	854	~1700
	535	560	393	395	422	(422)	11740	900	~1790

SANO-PROPAN G.m.b.H.

nächste Seite)

Fortsetzu

Physikalische und brenntechnische D

[Zum Teil Mittelwerte aus Dat

		Meßbedingungen	Maßeinheiten	Methan	Äthan	Ä
17	Luftbedarf für die Verbrennung (stöchiometrisch)		Nm^3 Luft / Nm^3 Gas	9,6	16,7	
			kg Luft / kg Gas	17,2	15,9	
			Nm^3 Luft / kg Gas	13,4	12,3	
18	Sauerstoffbedarf (O_2) (stöchiometrisch)		Nm^3 O_2 / Nm^3 Gas	2,0	3,5	
			kg O_2 / kg Gas		3,69	
			Nm^3 O_2 / kg Gas		2,58	
19	Unterer Heizwert (Hu) (die Literaturangaben streuen stark)	bei 15°C, 1 ata	kcal/kg	11900	11300	
		bei 0°C, 1 ata	kcal/Nm^3	8600	15300	
		bei 15°C, 1 ata	kcal/m^3	8150	14500	
20	Höchste Verbrennungstemperatur mit Luft (max. Flammentemperatur)		°C		1894	
	mit Sauerstoff		°C			
21	Zündtemperatur mit Luft (Kohlenwasserstoffe mit Sauerstoff ca. 5-30°C tiefer)		°C	650 – 750	470 – 630	4.
22	Zündgrenzen Gas mit Luft		Vol. % Gas	4,9 - 16	3,0 – 15	2,
	Gas mit Sauerstoff		Vol. % Gas		3,0 – 66	3,
23	Max. Verbrennungsgeschwindigkeit mit Luft		cm/sec		24	
	mit Sauerstoff		cm/sec			
24	Volumen der Verbrennungsprodukte (CO_2, H_2O, N_2)		Nm^3/Nm^3 Gas	(10,6)	18,2	
25	Taupunkt der Verbrennungsprodukte *) (stöchiometrische Verbrennung mit Luft)	bei 0g H_2O/Nm^3	°C	59,3	56,3	
	(20g H_2O/m^3 = 100 % Luftfeuchtigkeit bei 20,6°C)	bei 20g H_2O/m^3	°C	61,4	58,7	

*) Bei Luftüberschuß Abnahme der Taupunkttemperatur (z. B. bei Luftzahl n = 1,3 Taupunktsenkung: ca

n Tafel I

on Kohlenwasserstoffen (Brenngase)

chiedener Veröffentlichungen]

	Propan	Propylen	Butan	Isobutan	Butylen	Isobutylen	Wasserstoff	Acetylen	Stadtgas
	23,87	21,42	31,0	31,0	28,6	28,6	2,38	11,9	~ 3,8
	15,64	14,77	15,5	15,5	14,8	14,8	34,6	13,3	~ 8,4
	12,15	11,3	12,0	12,0	11,5	11,5	26,7	10,25	~ 6,5
	5,0	4,5	6,5	6,5	6,0	6,0	0,5	2,5	~ 0,81
	3,64	3,36	3,59	3,59	3,38	3,38	8	3,08	~ 1,95
3	2,55	2,35	2,51	2,51	2,4	2,4	5,6	2,15	~ 1,37
	11070	11000	10920	10890	10860	10770	28570	11620	~6500
	22180	21050	28900	29300	27150	(27000)	2580	13600	~3850
	21000	20000	27400	27800	25700	(25600)	2450	12900	~3650
	1925	1935	1895	1895	1925	1930	2045	2325	~1920
	2850	2880	2850	(2850)	2870	2870	2525	3100	~2730
5	510	455	(430)-490	475 - 540	445	445	510 - 530	335	~560
	2,0 - 9,5	2,0 - 11	1,5 - 8,5	1,8 - 8,5	1,75 - 9,0	1,75 - 9,0	4,1 - 75	2,3 - 82	6,0 - 35
	2,0 - 48	2,1 - 53	1,3 - 47	1,8 - 48			4,5 - 95	2,8 - 93	4,0 - 70
	32		32	32			267	130	~68
	450		350 - 370	350 - 370			890	1310	~710
	25,8	32,9	33,5	33,5	30,6	30,6			
	55,0	51,5	54,8	54,8	52	52	72,8		~60
	57,5	54,5	57,4	57,4	55	55	74,1		

(in °C)

SANO-PROPAN G.m.b.H.

Tafel II

Temperatur- und Druckabfall von verschiedenen Propan-Butangemischen bei kontinuierlicher Gasentnahme aus einer 5 kg Propanflasche

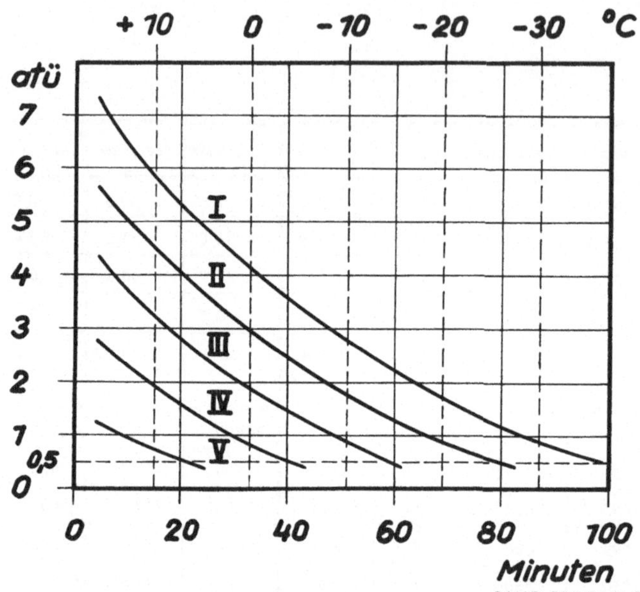

Füllung: jeweils 3 kg Flüssiggas
Gasentnahme: konstant 1 kg/h
Flüssiggastemperatur: bei Meßbeginn 16° C
Raumtemperatur: 16° C — 18° C
Ende der Messungen: Gasdruck 0,5 atü

Die Kurven zeigen die Verdampfung von:

I **Propan** handelsüblich (4 % C_2-, 95,2 % C_3- und 0,8 % C_4-Kohlenwasserstoffe) (nach ca. 100 Min. Verdampfungsdauer: ca. — 36° C, 0,5 atü)

II **Gemisch von ca. 75 % Propan + 25 % Butan** handelsüblich (nach ca. 80 Min. Verdampfungsdauer: ca. — 25° C, 0,5 atü, Flascheninhalt: ca. 62 % Propan + 38 % Butan)

III **Gemisch von ca. 50 % Propan + 50 % Butan** (nach ca. 60 Min. Verdampfungsdauer: ca. — 14° C, 0,5 atü, Flascheninhalt: ca. 40 % Propan + 60 % Butan)

IV **Gemisch von ca. 25 % Propan + 75 % Butan** (nach ca. 40 Min. Verdampfungsdauer: ca. — 4° C, 0,5 atü, Flascheninhalt: ca. 17 % Propan + 83 % Butan)

V **Butan** handelsüblich (ca. 50 % n-Butan + 50 % Isobutan) (nach ca. 20 Min. Verdampfungsdauer: ca. + 6° C, 0,5 atü)

I

von Kohlenwasserstoffen (Brenngase)

schiedener Veröffentlichungen]

n	Propan C_3H_8	Propylen C_3H_6	Butan (n-Butan) C_4H_{10}	Isobutan (i-Butan) C_4H_{10}	Butylen (n-Butylen) C_4H_8	Isobutylen (i-Butylen) C_4H_8	Vergleichsdaten Wasserstoff H	Acetylen C_2H_2	Stadtgas
	H H H H-C-C-C-H H H H	H H C=C-C-H H H H	H H H H H-C-C-C-C-H H H H H	H H H H-C-C-C-H H H H-C-H H	H H H C=C-C-C-H H H H H	H H H-C-C-C-H H ‖ H H-C-H	H—H	HC ≡ CH	
54	44,097	42,081	58,124	58,124	56,108	56,108	2,0156	26,04	
	81,7	85,6	82,7	82,7	85,6	85,6	0	92,4	
	18,3	14,4	17,3	17,3	14,4	14,4	100	7,6	
)	0,509	0,522	0,583	0,563	0,60	0,60	0,0708	0,518	
61	1,965	1,874	2,675	2,668	2,5	2,5	0,08987	1,1709	0,56 - 0,61
'5	1,550	1,481	2,091	2,065	1,94	1,94	0,069	0,900	~ 0,43
	96,8	91,4	152,3	133,7	143,9	144,7	-239,9	35,7	
	47,0	43,4	38,8	37,8	40,5	40,9	13,2	63,6	
	-188	-185	-138	-159	-185	-140	-259,2	-81,8	
	-42,2	-47,7	-0,5	-11,7	-6,3	-7,1	-252,8	-83,6	
0	425-460	355-375	400-435	400-435	325-350	325-350	—	—	
	101,8	105	92,1	87,6	96	93	111,6	164,1	
	80			.77					
	0,51		0,58	(0,50)	(0,56)	(0,58)	(3,42)		
	7,5	9,5	1,2	2,1	1,8				
	3,8	5,1	0,05	0,65	0,4				
	2,5	3,6	—	0,12	—				
	1,88		1,67	1,72					
)	1,96	1,92	1,72	1,78	1,67	1,67	14,1	(1,93)	
	2,32		1,89	1,98					
	508	530	373	375	400	(400)	11130	854	~1700
	535	560	393	395	422	(422)	11740	900	~1790

SANO-PROPAN G.m.b.H.

nächste Seite)

Fortsetzu

Physikalische und brenntechnische D

[Zum Teil Mittelwerte aus Dat

		Meßbedingungen	Maßeinheiten	Methan	Äthan	Ä
17	Luftbedarf für die Verbrennung (stöchiometrisch)		Nm^3 Luft / Nm^3 Gas	9,6	16,7	
			kg Luft / kg Gas	17,2	15,9	
			Nm^3 Luft / kg Gas	13,4	12,3	
18	Sauerstoffbedarf (O_2) (stöchiometrisch)		$Nm^3 O_2$ / Nm^3 Gas	2,0	3,5	
			kg O_2 / kg Gas		3,69	
			$Nm^3 O_2$ / kg Gas		2,58	
19	Unterer Heizwert (Hu) (die Literaturangaben streuen stark)	bei 15 °C, 1 ata	kcal / kg	11900	11300	
		bei 0 °C, 1 ata	kcal / Nm^3	8600	15300	
		bei 15 °C, 1 ata	kcal / m^3	8150	14500	1
20	Höchste Verbrennungstemperatur (max. Flammentemperatur) mit Luft		°C		1894	
	mit Sauerstoff		°C			
21	Zündtemperatur mit Luft (Kohlenwasserstoffe mit Sauerstoff ca. 5–30 °C tiefer)		°C	650 – 750	470 – 630	4.
22	Zündgrenzen Gas mit Luft		Vol. % Gas	4,9 – 16	3,0 – 15	2,
	Gas mit Sauerstoff		Vol. % Gas		3,0 – 66	3,
23	Max. Verbrennungsgeschwindigkeit mit Luft		cm / sec		24	
	mit Sauerstoff		cm / sec			
24	Volumen der Verbrennungsprodukte (CO_2, H_2O, N_2)		Nm^3 / Nm^3 Gas	(10,6)	18,2	
25	Taupunkt der Verbrennungsprodukte *) (stöchiometrische Verbrennung mit Luft) (20 g H_2O/m^3 = 100 % Luftfeuchtigkeit bei 20,6 °C)	bei 0 g H_2O/Nm^3	°C	59,3	56,3	
		bei 20 g H_2O/m^3	°C	61,4	58,7	

*) Bei Luftüberschuß Abnahme der Taupunkttemperatur (z. B. bei Luftzahl n = 1,3 Taupunktsenkung: ca

A. Eigenschaften der Flüssiggase

1. Begriffserklärung für Flüssiggas

Die Kohlenwasserstoffe Propan (C_3H_8) und Butan (C_4H_{10}) werden als „Flüssiggase" bezeichnet, weil sie bei der technischen Anwendung sowohl im flüssigen als auch im gasförmigen Zustand auftreten. Der Ausdruck „Flüssiggas" bezieht sich ausschließlich auf Propan und Butan und erhebt nicht den Anspruch, terminologisch allgemein richtig zu sein. Mit der gleichen Berechtigung könnte man sonst auch Wasser als Flüssiggas oder gar als Festflüssiggas bezeichnen, da es technisch sowohl im festen Aggregatzustand als Eis als auch im flüssigen als Wasser und im gasförmigen Zustand als Dampf verwendet wird.

Die qualitativen Anforderungen an Flüssiggase sind in DIN 51 621 und DIN 51 622 festgelegt. Flüssiggase sind unter normalen Bedingungen (bei Raumtemperatur und 760 Torr) gasförmig und lassen sich aber bei verhältnismäßig geringem Druck verflüssigen.

Propan und Butan werden verflüssigt unter Druck in Behältern gelagert und transportiert. Sie verdampfen bei der Entnahme, sobald sie nicht mehr dem Innendruck des Behälters unterliegen. Dieser an sich in der Physik durchaus geläufige Übergang einer Flüssigkeit an den gasförmigen Zustand kann am einfachsten am Beispiel des Wassers erklärt werden:

Wasser ist bekannt als langsam verdunstende Flüssigkeit. Das sog. Verdunsten ist nichts anderes als ein langsames Verdampfen unterhalb des Siedepunktes, d.h., Wassermoleküle treten mehr oder weniger häufig je nach Wassertemperatur in den Luftraum. Eine Temperaturerhöhung führt zu einer Beschleunigung der Verdunstung, da damit der Dampfdruck des Wassers steigt. Bei 100 °C hat der Dampfdruck den Atmosphärendruck erreicht bzw. fängt an, ihn zu überschreiten. Die deshalb bei 100 °C auftretende heftige Verdampfung nennen wir Sieden. Das Wasser geht in seinen gasförmigen Zustand über.

Bei einem Druck, der über unserem atmosphärischen Normaldruck von 760 Torr liegt, benötigt Wasser eine höhere Temperatur, bis sein Dampfdruck den auf ihm lastenden Druck überschreitet, d.h., der Siedepunkt wird auf über 100 °C erhöht. Unter einem Druck von 10 Atmosphären liegt der Siedepunkt beispielsweise bei 180 °C. Bei 10 Atmosphären Druck bleibt Wasser also bis 180 °C noch flüssig, d.h. sein Dampfdruck beträgt bis 180 °C weniger als der auf ihm lastende Druck von 10 Atmosphären.

Herrscht im Wasserbehälter dagegen ein Unterdruck bzw. Vakuum, so wird naturgemäß der Siedepunkt schon bei geringerer Temperatur erreicht, die Siedetemperatur liegt unter 100 °C.

Zu jeder Siedetemperatur gehört also ein bestimmter Druck, um den Zustand einer Flüssigkeit, in diesem Fall Wasser, zu charakterisieren. Der dabei in einem geschlossenen Behälter entstehende Dampf befindet sich im Sättigungszustand.

Betrachtet man nun das Propan, so zeigt sich folgende Parallele:

Die Siedetemperatur, die Grenze zwischen flüssigem und gasförmigem Zustand, beträgt unter Normalbedingungen beim Propan −42,3 °C. Unterhalb dieser Temperatur ist demnach Propan bei Atmosphärendruck flüssig und darüber gasförmig. Durch Erhöhung des Druckes kann, wie für Wasser beschrieben, das flüssige Stadium in den Bereich der Raumtemperatur verschoben werden. Diese Druckerhöhung tritt zwangsläufig in der verschlossenen Propanflasche auf: Bei einer Umgebungstemperatur von +10 °C, d.h. 52,3 °C über dem atmosphärischen Siedepunkt, stellt sich ein Sättigungsdruck von 6,5 ata ein. Das Propan bleibt flüssig mit einem je nach Füllungsgrad der Flasche darüberliegenden Gasraum, enthaltend Propandampf im Sättigungszustand. Wird nun das Ventil der Flasche zur Entnahme geöffnet, so entweicht verdampftes, d.h. gasförmiges Propan. Dadurch sinkt der Druck in der Flasche, der Dampfdruck gewinnt wieder die Oberhand. Das flüssige Propan gerät ins Sieden und liefert durch Verdampfung weiteres Gas, bis die Entnahme mit Schließen des Ventils wieder beendet wird.

Das gleiche Verhalten gilt für Butan, bei dem jedoch die Siedetemperatur bei Atmosphärendruck 0 °C beträgt. Der Siedepunkt für Propan-Butan-Mischungen liegt je nach dem Mischungsverhältnis bei Atmosphärendruck zwischen −42,3 und 0 °C.

2. Gewinnung von Propan-Butan-Flüssiggas

Die Gewinnung der Flüssiggase fängt bereits bei der Ölquelle an. Über den meisten Öllagerstätten befindet sich eine Gaskappe, die gewisse Anteile an Propan und Butan enthalten kann. Im Rohöl sind, abhängig von der Provenienz, weitere geringe Mengen Propan und Butan gelöst, die bei einer Destillation unter Druck durch Kondensation gewonnen werden können.

Im Verlauf der Ölraffination fällt beim Reformierverfahren und bei der Crackung weiteres Flüssiggas in erheblich größerer Menge an.

Einige Prozesse, bei denen Propan und Butan gewonnen werden, seien näher behandelt.

a) Rohöldestillation

Die Rohöldestillationskapazität betrug 1962 in Westdeutschland etwa 46 Mill. t – verarbeitet wurden etwa 40 Mill. t Rohöl. Hiervon kamen etwa 65 bis 70% aus dem Nahen Osten und Afrika, der Anteil des deutschen Rohöles belief sich auf etwa $^{1}/_{6}$ der Gesamtmenge.

Die Nahost- und die afrikanischen Rohöle – wobei letztere im zunehmenden Maße für die europäische Versorgung an Bedeutung gewinnen – enthalten verhältnismäßig viel leichtsiedende Bestandteile und dementsprechend auch mehr gasförmige Kohlenwasserstoffe als z. B. die hochviskosen venezolanischen Rohöle.

Tabelle 1. *Gehalt an gasförmigen Kohlenwasserstoffen im Rohöl*

	Provenienz		Venezuela Gew.-%
	Nahost Gew.-%	Afrika Gew.-%	
Methan/Äthan	0,05	0,05	0
Propan	0,48	0,38	0
Butan	1,45	1,65	0,01

In Tab. 1 sind die Gehalte von gasförmigen Kohlenwasserstoffen in einem typischen Nahost-, afrikanischen und naphthenischen Venezuela-Rohöl zusammengestellt.

Die gasförmigen Kohlenwasserstoffe werden durch fraktionierte Destillation aus dem Rohöl abgetrennt. Im allgemeinen wird in der Rohöl-

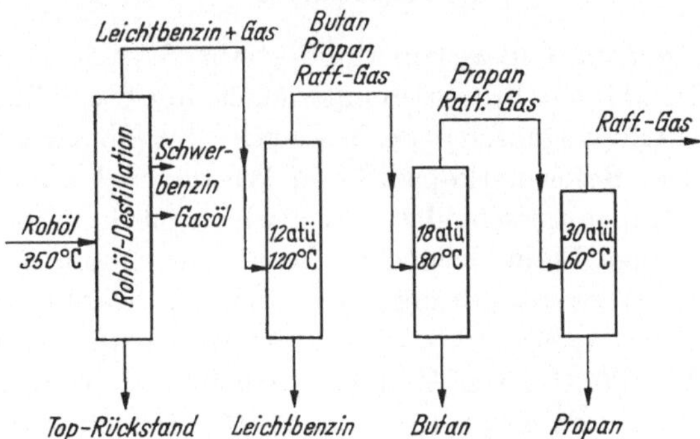

Abb. 1. Schema einer Rohöldestillation

destillationskolonne als Kopfprodukt ein Leichtbenzin und Gas abgenommen. Dieses Gemisch wird in nachgeschalteten Destillationsanlagen in Leichtbenzin, Butan, Propan und Raffineriegas aufgetrennt.

In der Abb. 1 ist ein vereinfachtes Fließschema dieses Verarbeitungsverfahrens skizziert. Die Destillationskolonnen für Leichtbenzin, Butan und Propan arbeiten unter Druck. In den üblichen, heute verwendeten Anlagen ist es ohne Schwierigkeit möglich, Propan bzw. Butan mit einem Reinheitsgrad von über 95% zu liefern. In besonderen Fällen kann auch eine Abtrennung des Isobutans durchgeführt werden. Auf Grund der geringen Unterschiede im Siedepunkt (Tab. 2) sind für diese Auftrennung Destillationskolonnen mit großer Trennschärfe erforderlich.

Tabelle 2

	Siedepukt °C
Propan	−42,3
n-Butan	− 0,5
Isoutan	−10,2

Die durch Destillation aus dem Rohöl gewonnenen Flüssiggase sind praktisch frei von ungesättigten Verbindungen. Der Gasanfall bei der Destillation eines Nahost-Rohöles beträgt beispielsweise

	Gew.-%
Anfall	1,5
(bezogen auf Rohöl)	
Zusammensetzung:	
Methan	Spuren
Äthan	3
Propan	30
n-Butan	45
Isobutan	22
Schwefelwasserstoff	Spuren

b) Reformieren

Um den steigenden Bedarf von klopffesteren Benzinen zu befriedigen, wurde eine Vielzahl von Prozessen entwickelt, um Straight-Run-Benzin mit schlechten Klopfeigenschaften in klopffestere Benzine umzuformen (Reforming). Die Reformierkapazität in Westdeutschland betrug 1962 etwa 6 Mill. t. Man unterscheidet thermische und katalytische Reformingprozesse, wobei die modernen Verfahren ausschließlich mit Katalysatoren in einer Wasserstoffatmosphäre arbeiten (Platforming, Hydroforming). Als Ausgangsprodukte dienen Schwerbenzine im Siedebereich von etwa 100 bis 200 °C. Diese Verfahren arbeiten bei Temperaturen von etwa 480 °C und Drücken von 15 bis 20 at. Die Ausbeute an klopffesten Benzinen beträgt 75 bis 85%. Der Rest besteht aus gasförmigen Produkten. Bei dem thermischen Reformieren ist die Zusammensetzung der Gase mit den beim Crackprozeß anfallenden vergleichbar, die im nächsten Abschnitt behandelt werden. Für die Zusammensetzung der beim katalytischen Reformprozeß anfallenden Gase folgendes Beispiel:

	Gew.-%
Anfall (bezogen auf Einsatzprodukt)	etwa 20
Zusammensetzung:	
Wasserstoff	5,0
Methan	5,5
Äthan	18,5
Propan	40
n-Butan	15
Isobutan	16
Schwefelwasserstoff	Spuren

Auch bei diesem Verfahren entstehen fast nur gesättigte Kohlenwasserstoffe, da unter hydrierenden Bedingungen gearbeitet wird. n- und Isobutan fallen in etwa in gleichen Mengenverhältnissen an. Die Abtrennung in Propan und Butan gelingt in der gleichen Weise auf destillativem Wege, wie im vorigen Abschnitt beschrieben.

c) Cracken

Die Crackkapazität betrug 1962 in Westdeutschland 6,4 Mill. t. In Abhängigkeit vom Einsatzprodukt und den Crackbedingungen werden beim Crackverfahren 10 bis 20% Gase gebildet. Im folgenden ein Beispiel für die Zusammensetzung der beim katalytischen Crackverfahren anfallenden Gase:

	Gew.-%
Anfall (bezogen auf Einsatz)	etwa 15
Zusammensetzung:	
Stickstoff, Sauerstoff	4,0
Kohlendioxid	0,8
Wasserstoff	0,6
Methan	6,8
Äthan	11,4
Äthylen	1,9
Propan	12,5
Propylen	13,5
n-Butan	6,0
Isobutan	17,0
Butylen	21,5
Schwefelwasserstoff	4,0

In diesem Falle werden gesättigte und ungesättigte C_3- und C_4-Kohlenwasserstoffe etwa im gleichen Mengenverhältnis gebildet. Die Trennung der C_3- und C_4-Kohlenwasserstoffe erfolgt ebenfalls durch Destillation.

Die nach den beschriebenen Verfahren gewonnenen Flüssiggase enthalten noch unterschiedliche Mengen Fremdgase – Schwefelwasserstoff, Kohlendioxid und zum Teil Kohlenoxysulfid. Zur Entfernung dieser Verbindungen gibt es verschiedene Reinigungsverfahrungen (z.B. Girbotol-Alkazid-Verfahren), die entweder in der Gas- oder Flüssigkeitsphase arbeiten. Als Absorptionsmittel werden gewöhnlich aliphatische Aminverbindungen (z.B. Monoäthanolamin oder Diäthanolamin) verwandt. Schwefelwasserstoff bzw. Kohlendioxid reagieren bei gewöhnlicher Temperatur mit der Aminverbindung, während bei höherer Temperatur das Reaktionsprodukt wieder in das Amin und Schwefelwasserstoff bzw. Kohlendioxid aufgespalten wird (reversibler Prozeß). Entsprechend dem Reaktionsablauf arbeiten diese regenerativen Verfahren in 2 Stufen:

1. Absorption,
2. Regeneration des Absorptionsmittels.

Die Absorption geschieht üblicherweise in einer Füllkörperkolonne nach dem Gegenstromprinzip. Das Absorptionsmittel wird oben, die zu reinigenden Flüssiggase werden unten in die Kolonne eingeführt. Das gereinigte Flüssiggas wird dann am Kopf der Kolonne abgezogen.

Die Flüssiggase enthalten aus den Reinigungs- und Waschprozessen gewöhnlich noch geringe Mengen Wasser, die in einem nachgeschalteten Trocknungsverfahren entfernt werden. Als Trocknungsmittel werden Calciumchlorid oder Aluminiumoxid verwendet.

Darüber hinaus sind auch Verfahren mit flüssigen Trocknungsmitteln (z.B. Glykol) bekannt. Der Trocknungsprozeß ist die letzte Stufe der Fabrikation.

Die Fertigprodukte werden bei den Raffinerien in Drucktanks gelagert; die Abgabe erfolgt per Kessel- und Tankwagen oder in Flüssiggasflaschen.

3. Chemische Zusammensetzung und Struktur

Propan und Butan sind Kohlenwasserstoffe. Ihre Moleküle bestehen aus den brennbaren Elementen Kohlenstoff (C) und Wasserstoff (H_2). Die Kohlenwasserstoffe haben die Form offener Ketten

$$\begin{array}{ccccccc} & & H & & H & & H & \\ & & | & & | & & | & \\ H & - & C & - & C & - & C & - & H \\ & & | & & | & & | & \\ & & H & & H & & H & \end{array}$$

Propan C_3H_8

$$\begin{array}{ccccccccc} & & H & & H & & H & & H & \\ & & | & & | & & | & & | & \\ H & - & C & - & C & - & C & - & C & - & H \\ & & | & & | & & | & & | & \\ & & H & & H & & H & & H & \end{array}$$

Butan C_4H_{10}

Es hat sich eingebürgert, Propan einfach als C_3-Kohlenwasserstoff und Butan als C_4-Kohlenwasserstoff zu bezeichnen.

Das Flüssiggas aus Propan und Butan kann geringe Beimischungen an Äthan (C_2H_6) und evtl. auch Pentan (C_5H_{12}) enthalten, Verbindungen, die durch gewisse Unschärfen bei der destillativen Trennung im Flüssiggas bleiben. Ein Anteil des Butans liegt im allgemeinen als Isobutan vor. Dieses ist eine vom vorgenannten Normal- oder n-Butan abweichende Modifikation, die zwar die gleiche Elementarzusammensetzung wie Butan besitzt, auf Grund ihrer anderen Struktur jedoch abweichende physikalische Eigenschaften aufweist. Isoverbindungen, die sog. „Isomeren" der geradkettigen Verbindungen, enthalten Verzweigungen im Molekül, wie aus dem Formelbild ersichtlich ist.

```
      H
      |
   H—C—H
 H    |    H
 |    |    |
H—C—C—C—H
 |    |    |
 H   H   H
```

Isobutan C_4H_{10}

Ferner können im Flüssiggas gewisse Mengen an „ungesättigten" Kohlenwasserstoffen vorliegen. Das sind Verbindungen, bei denen der Kohlenstoff nicht entsprechend seiner Wertigkeit mit Wasserstoff abgesättigt ist. Die ungesättigten Verbindungen des Propans und Butans sind

```
H  H  H            H  H  H  H
|  |  |            |  |  |  |
C=C—C—H            C=C—C—C—H
|     |            |     |  |
H     H            H     H  H
```

Propylen = C_3H_6 Butylen = C_4H_8

Die fehlenden Wasserstoffatome werden durch Doppelbindungen der Struktur ausgeglichen.

Diese ungesättigten Verbindungen sind in nennenswerten Mengen nur in jenen Flüssiggasen enthalten, die aus Crackprozessen anfallen. Zu einem großen Anteil werden sie separat gewonnen und finden als Ausgangsstoffe in der chemischen Industrie zur Herstellung von Alkoholen, Kunststoffen usw. Verwendung.

4. Physikalische Eigenschaften

a) Siedeverhalten

In Abschn. 1 wurde beschrieben, daß bei den Gasen Propan und Butan der flüssige Zustand, der unter Atmosphärendruck nur bis $-42{,}3$ bzw. 0 °C existiert, durch eine entsprechende Druckerhöhung auf eine höhere Temperatur verschoben wird. Die Grenze zwischen dem flüssigen und gasförmigen Zustand ist der Siedepunkt.

Die folgende Tabelle führt die Flüssiggase sowie zusätzlich Wasserstoff, Sauerstoff und Wasser geordnet nach steigenden Siedepunkten auf. Die angeführten Siedepunkte gelten bei Atmosphärendruck. Oberhalb dieser Siedetemperatur sind die Stoffe bei Atmosphärendruck gasförmig, unterhalb flüssig.

Tabelle 3

		Siedepunkt °C	Kritische Temperatur °C	Kritischer Druck ata
Wasserstoff	H_2	−253	−240	12,8
Sauerstoff	O_2	−182	−119	50
Methan	CH_4	−117	−87	46
Äthylen	C_2H_4	−104	10	51
Äthan	C_2H_6	−89	35	49
Propylen	C_3H_6	−47	92	45
Propan	C_3H_8	−42	97	42
Isobutan	C_4H_{10}	−10	134	37
Isobutylen	C_4H_{10}	−7	144	92
Butylen	C_4H_8	−6	144	42
Butan	C_4H_{10}	0	152	35
Wasser	H_2O	100	374	217

Wird eines der oben aufgeführten Flüssiggase in einem völlig geschlossenen, druckfesten Behälter, der natürlich nicht völlig mit Flüssigkeit gefüllt sein dürfte, über seine Siedetemperatur erwärmt, so steigt gemäß den in Absatz 1 gebrachten Ausführungen der Behälterinnendruck, d.h. der Dampfdruck, im Augenblick des Überschreitens der Siedetemperatur über den Atmosphärendruck, wobei der Inhalt flüssig bleibt. Zu jeder über dem Siedepunkt liegenden Temperatur gehört demnach ein bestimmter Dampfdruck, der mit Sättigungsdruck bezeichnet wird. Zu dem Sättigungsdruck gehört also eine bestimmte Sättigungstemperatur, womit die dem Sättigungsdruck zugeordnete Siedetemperatur gemeint ist. Immer gilt die Eigenschaft für den Siedezustand, daß die geringste weitere Temperaturerhöhung bei jeweils gleichbleibendem Druck dazu führt, daß die Flüssigkeit in den gasförmigen Aggregatzustand übergeht.

Dieser Übergang ist mit einer entsprechenden Volumenvergrößerung verbunden. Es ist jedoch vorstellbar, daß das Maß der Volumenvergrößerung durch Übergang in den gasförmigen Zustand um so geringer ist, je höher der Druck ist. Von einem bestimmten Druck an tritt keine Volumenvergrößerung mehr ein, d.h., die Flüssigkeit geht bei Temperaturerhöhung ohne Volumenveränderung in den gasförmigen Zustand über. Dieser Zustand, definiert durch Temperatur und Druck, ist ein

Charakteristikum für einen Stoff und wird als kritischer Zustand bezeichnet. Analog sind die Bezeichnungen „kritische Temperatur“ und „kritischer Druck“ üblich, unter denen in vorstehender Tabelle die entsprechenden Werte eingetragen sind. Diese kritischen Eigenschaften spielen nur in der höheren Thermodynamik eine Rolle.

Die häufig vorkommende Frage, das wievielfache Volumen 1 kg Flüssiggas im gasförmigen Stadium, verglichen mit seinem flüssigen Stadium, einnimmt, ist rechnerisch durch Division des spezifischen Volumens der Gasphase durch das der Flüssigphase zu beantworten.

Propan	flüssig	0,511 kg/l	oder	1,96 l/kg
	gasförmig	1,96 kg/Nm³	oder	511 l/kg

$$\text{Volumenvergrößerung: } \frac{511}{1{,}96} = \underline{\underline{260\text{fach}}}$$

Butan	flüssig	0,582 kg/l	oder	1,72 l/kg
	gasförmig	2,59 kg/Nm³	oder	368 l/kg

$$\text{Volumenvergrößerung: } \frac{368}{1{,}72} = \underline{\underline{224{,}5\text{fach}}}$$

Selbstverständlich wird diese Volumenvergrößerung dadurch beeinflußt, bei welchem Druck bzw. bei welcher Temperatur das gasförmige Flüssiggas vorliegt.

Da ein Gasvolumen sich umgekehrt proportional dem darauf lastenden Druck verhält (Gesetz von Boyle-Mariotte), ist der obige Faktor der Volumenvergrößerung, dem ein Druck von 1 ata zugrunde liegt, also nur durch den Druck in ata zu dividieren.

Der Einfluß der Temperatur auf ein Gasvolumen, also auch auf den obigen Faktor der Volumenvergrößerung, ist unter Zugrundelegung des absoluten Nullpunktes bei -273 °C direkt proportional der absoluten Temperatur (Gesetz von Gay-Lyssac). Der Faktor wird also zur Temperaturkorrektur mit $\frac{273 + t}{273}$ multipliziert.

Der Volumenvergrößerungsfaktor errechnet sich somit folgendermaßen:

$$\text{für Propan } F_P = \frac{260 \cdot (273 + t)}{P \cdot 273}, \qquad \text{für Butan } F_B = \frac{224 \cdot (273 + t)}{P \cdot 273},$$

wobei t = Temperatur in °C
P = Druck in ata.

Wie erwähnt, ist die Siedetemperatur abhängig vom jeweiligen Druck, unter dem das Flüssiggas steht. Diese Abhängigkeit ist aus Abb. 2, dem Diagramm über das Siedeverhalten von Propan, Isobutan und Butan, ersichtlich. Die darin enthaltenen Linienzüge sind *Siedekurven* und stellen also für diese Substanzen die Grenzlinien dar, *oberhalb* derer *Flüssigkeit* und *unterhalb* derer nur *Gas* existiert.

Bei Preßluft, Sauerstoff, Wasserstoff usw. kann man einfach aus dem Flaschendruck auf den Flascheninhalt schließen, da diese Gase bei den üblichen für Hochdruckflaschen zugelassenen Drücken nicht flüssig, son-

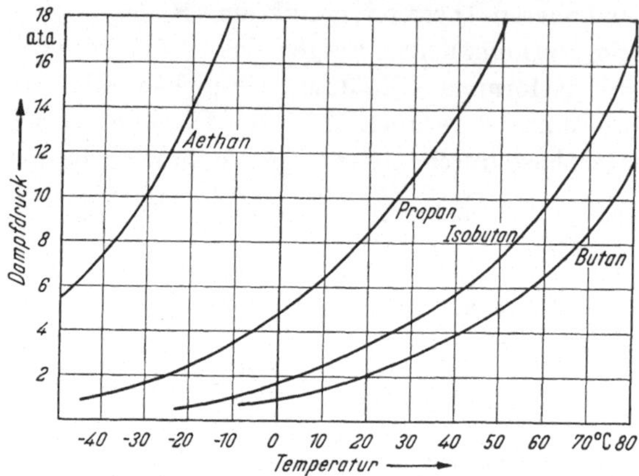

Abb. 2. Dampfdruck von Flüssiggas in Abhängigkeit von der Temperatur

dern lediglich auf ein kleines Volumen zusammengepreßt werden. Aus einer Hochdruckflasche mit 40 l Inhalt und 150 atü kann man also insgesamt $40 \cdot 150 = 6000\,\mathrm{l} = 6\,\mathrm{m}^3$ eines solchen Gases entnehmen. Der Gasinhalt ist also das Produkt aus Flascheninhalt und Druck. Bei Gasen, die wie Propan und Butan in der Flasche flüssig enthalten sind, ist der Druck kein Maß für den Flascheninhalt, sondern wird lediglich durch die Temperatur bedingt. Bei unveränderter Temperatur bleibt der Flaschendruck konstant, bis der flüssige Anteil in der Flasche erschöpft ist. Erst dann fällt der Flaschendruck schnell ab.

Soweit es sich bei handelsüblichen Flüssiggasen um Mischungen aus Propan, Isobutan und Butan handelt, kann für eine Mischung überschläglich ein Mittelwert der drei Siedetemperaturen unter Berücksichtigung der jeweiligen Anteile der einzelnen Bestandteile gewertet werden. Genau trifft dieses in der Praxis nicht zu, da bei der Entnahme aus Druckflaschen mit solchen Mischungen der jeweils am leichtesten siedende Gasanteil, im vorliegenden Fall also das Propan, zuerst etwas überwiegender verdampft. Dadurch verschiebt sich der Gemischsiedepunkt des Flascheninhaltes über die Zeit des Verbrauchs aus der Flasche also langsam nach oben zugunsten des schwerer verdampfenden Butans, bis gegen Ende, besonders bei Vorliegen niedriger Außentemperaturen, fast nur noch reines Butan in der Vorratsflasche enthalten ist und unter Umständen, d.h. bei Temperaturen von unter 0 °C, nicht mehr verdampft.

Verdampfungswärme. Da bekanntlich zur Verdampfung Wärme benötigt wird, die, wenn sie nicht besonders zugeführt wird, der Flüssigkeit entzogen werden muß, kühlt sich die Flüssigkeit während der Entnahme aus der Flasche ab. Das Maß dieser Abkühlung, also das Maß des Wärmeentzugs, hängt natürlich von der Entnahmegeschwindigkeit aus der Flasche ab. Dieser Umstand bedeutet, daß bei übermäßig großer Entnahme aus einer Flasche der Wärmeverbrauch größer werden kann als die Erwärmung aus der Umgebung; es können also Verdampfungsschwierigkeiten als Folge der Abkühlung durch Entzug der Verdampfungswärme auftreten. – Dieser Umstand der Kälteerzeugung in der Flasche kommt zu einem evtl. Einfluß einer niedrigen Außentemperatur noch hinzu, muß also bei der Projektierung von Anlagen berücksichtigt werden.

Die Abkühlung durch Entzug der Verdampfungswärme kann abermals an Hand eines Vergleiches mit Wasser leicht verständlich gemacht werden.

Zur Verdampfung einer Flüssigkeit ist es erforderlich, diese zu erhitzen, d.h. ihr eine bestimmte Wärmemenge, im Falle Wasser 639 kcal/kg, zuzuführen. Hiervon sind 100 kcal/kg zur Erhitzung auf den Siedepunkt von 100 °C notwendig. Bei konstanter Temperatur von 100 °C müssen dem Wasser dann noch weitere 539 kcal/kg zugeführt werden, um es, ohne daß die Temperatur steigt, aus seinem flüssigen Aggregatzustand in seinen gasförmigen Zustand, Dampf, zu überführen.

Diese Verdampfungswärme von 539 kcal/kg muß durch Beheizung zugeführt werden.

Wenn, wie beim Beispiel Flüssiggas, diese Beheizung der Flasche durch die umgebende Luft erfolgt, jedoch nicht für die Bestreitung der erforderlichen Verdampfungswärme ausreicht, so muß sie aus der Wärme des Flascheninhaltes bezogen werden. Das heißt, dem flüssigen Inhalt der Flasche wird Wärme entzogen, er wird kälter und kann bei besonders heftiger Entnahme aus der Flasche unter Umständen die Siedetemperatur des Flascheninhaltes oder eines Teiles davon (Butansiedepunkt 0 °C, Propansiedepunkt −42,3 °C) unterschreiten, so daß die Verdampfung aufhört.

Die maximale Entnahmegeschwindigkeit aus einer Vorratsflasche kann nicht genau definiert werden, da sie abhängig ist von der Zusammensetzung des Flüssiggases aus seinen 3 Komponenten Propan, Isobutan und Butan, von der Außentemperatur und auch von der Lage der Flasche. Aus einer Flasche mit *gebogenem Tauchrohr* entnimmt man am günstigsten bei liegender Flasche, da dann die *Verdampfungsoberfläche der Flüssigkeit größer* ist und der Wärmeentzug durch die Verdampfung sich günstiger auf den Flascheninhalt verteilt.

Als Dauerentnahme aus der Gasphase der üblichen 33-kg-Flasche sollte sowohl bei Propan als auch bei Butan 0,75 kg/h nicht überschritten werden.

Die Wärmemenge, die erforderlich ist, die auf ihrem Siedepunkt befindliche Flüssigkeit Propan, Isobutan und Butan in Gas zu überführen, also die Verdampfungswärme, ist in folgender Tabelle angegeben:

Tabelle 4

Verdampfungswärme	kcal/kg
Propan	102
Isobutan	88
Butan	92

Diese Wärmemenge wird der Flüssigkeit entzogen. Die dadurch entstehende Temperatursenkung wird durch die spezifische Wärme der Flüssigkeit definiert. Diese spezifische Wärme ist die Wärmemenge in kcal, die durch Entziehen oder Hinzufügen die Temperatur um 1 °C verringert bzw. erhöht. Sie beträgt für die Flüssigkeit Propan, Isobutan und Butan im Mittel 0,55 kcal/kg und °C.

Entnimmt man beispielsweise 1 kg Propan aus einer 11 kg enthaltenden Flasche, so werden den restlichen 10 kg Flüssigkeit 102 kcal Wärme entzogen. – Durch Entzug von 0,55 kcal wird die Temperatur von 1 kg Flüssigkeit bereits um 1 °C gesenkt. 10 kg Flüssigkeit würden entsprechend durch Entzug von 5,5 kcal um 1 °C abgekühlt. Der Entzug von 102 kcal würde also eine Abkühlung um $102/5{,}5 = 18{,}5$ °C bewirken, wenn in der Zeit der Entnahme keine Aufwärmung der Flasche durch die Umgebung gegeben wäre. Die Möglichkeit einer solchen Aufwärmung ist um so größer, je mehr Zeit dafür zur Verfügung steht, d.h. je langsamer entnommen wird.

Die vorstehende Erklärung beweist, wie unsinnig es ist, eine Flasche, deren Außenfläche bei der Entnahme von Gas die typischen Abkühlungs- bzw. gar Vereisungserscheinungen zeigt, durch Isolierung schützen zu wollen. Hierdurch verhindert man die einzige Aufnahmemöglichkeit von zusätzlicher Wärme aus der Umgebung.

Wie erwähnt, beträgt die größte Dauerentnahme aus einer 33-kg-Flasche 0,75 kg je h. Wird eine größere Entnahme auf lange Dauer benötigt, so muß eine entsprechende Anzahl Flaschen zu einer Batterie zusammengeschaltet werden.

Eine andere Möglichkeit, die Entnahmemenge zu steigern, bietet die Verwendung eines zusätzlich beheizten Verdampfers. Hierfür muß das Flüssiggas selbstverständlich aus der Flüssigphase der Flasche, also in flüssigem Zustand entnommen werden und durchfließt den beheizten Verdampfer, Die flüssige Entnahme geschieht einfach, indem man die Vorratsflasche auf den Kopf stellt.

Derartige Verdampfer sind mittels Flüssiggas und mittels elektrischem Strom beheizt im Handel erhältlich. Die Verdampfungsleistung bei einem elektrisch beheizten Verdampfer ist von der Stromaufnahme des Heizsystems abhängig. Ähnlich wie bei einem Tauchsieder kann ein

Wirkungsgrad von 100% zugrunde gelegt werden. Rechnet man mit einer mittleren Verdampfungswärme für Flüssiggas von rund 94 kcal/kg und einer Wärmeleistung von 860 kcal/kWh, so muß für jedes kg Flüssiggas je h, das im Dauerbetrieb aus einer 33-kg-Flasche entnommen werden soll, eine elektrische Leistung von 94 : 860 = 0,11 kW aufgebracht werden. Ein elektrisch beheizter Flüssiggasverdampfer, mit Hilfe dessen 5 kg Flüssiggas je h Verdampfungsleistung erzielt werden soll, muß also einen Anschlußwert von mindestens 0,55 kW = 550 W haben.

Ein mittels Flüssiggas beheizter Verdampfer hat den Vorteil der Unabhängigkeit vom elektrischen Netz. Sein Wirkungsgrad kann etwa mit 80% eingesetzt werden. Analog der obigen Berechnung beträgt der Flüssigkeitsverbrauch je kg stündlicher Verdampfungsleistung im Dauerbetrieb bei Zugrundelegung eines mittleren unteren Heizwertes von 11000 kcal/kg für Flüssiggas 94 : (11000 · 0,8) = 0,011 kg/h = 11 g/h.

Eine direkte Beheizung des Flascheninhaltes ist bei Auftreten von Verdampfungsschwierigkeiten wegen der damit verbundenen Gefahr nicht anzuraten. Allenfalls kann die Flasche in einen Behälter mit Wasser von höchstens 40 °C gestellt werden, eine Maßnahme, die in der Praxis jedoch so selten wie möglich angewandt werden sollte, da hierdurch leicht die Gefahr der Verwendung höherer Wassertemperaturen besteht, was zu Explosionen mit schwersten Folgen führen kann.

b) Temperaturausdehnung der Flüssigkeit

Eine weitere wichtige Eigenschaft des Flüssiggases ist das Volumenverhalten in flüssigem Zustand unter Temperatureinfluß. Diese thermische Ausdehnung der Flüssigkeit ist für Propan, Isobutan und Butan im Vergleich zu anderen geläufigen Flüssigkeiten, wie speziell Wasser, besonders hoch.

Das Schaubild in Abb. 3 zeigt den Einfluß der Temperatur auf das spezifische Volumen der Füssigkeit, ausgedrückt in l/kg.

Eine ausschlaggebende Rolle spielt diese Eigenschaft bei der Befüllung von Flaschen.

Nach den Vorschriften des Deutschen Druckgasausschusses muß jede Flüssiggasflasche einen in seiner Mindestgröße genau begrenzten Gasraum enthalten, der verhindern soll, daß die thermische Ausdehnung der Flüssigkeit die Flasche sprengt. Wenngleich eine Sprengung der Flaschenwandungen kaum zu befürchten ist, da in Deutschland alle Flaschen (außer den Kleinstflaschen mit 225 atü Prüfdruck, die für eine Füllung von 425 g Flüssiggas vorgesehen sind) eine Sicherung gegen Zerstörung durch außergewöhnliche Drucksteigerung haben müssen, so entspricht es doch den Sicherheitsanforderungen, daß gewisse Temperaturen des Flascheninhaltes ohne Anstände vertragen werden müssen.

Der Deutsche Druckgasausschuß schreibt vor, daß Flüssiggasbehälter bei einer Temperatur ihres Inhaltes von 50 °C nur zu 95% ihres Rauminhaltes mit Flüssigkeit gefüllt sein dürfen. Dies ist gewährleistet, wenn für

1 kg Propan mindestens 2,332 l Raum und für
1 kg Butan mindestens 2,032 l Raum

zur Verfügung stehen.

Bei Haushaltsflaschen bis maximal 14 kg Flüssiggasfüllung wird eine erhöhte Sicherheit gefordert. Diese dürfen erst bei einer Temperatur ihres Inhaltes von 50 °C zu nur 90% ihres Rauminhaltes mit Flüssigkeit gefüllt sein. Das bedeutet, daß für

1 kg Propan mindestens 2,462 l Raum und für
1 kg Butan mindestens 2,145 l Raum

vorhanden sein müssen.

Für Mischungen aus Propan und Butan sind jeweils die höheren Werte, also die für Propan, zu nehmen. Eine Flasche für 33 kg Propan oder Propan/Butan-Mischung Füllgewicht muß demnach also mindestens einen Rauminhalt von 33 · 2,332 = 76,96 l, eine 11-kg-Flasche mindestens 11 · 2,462 = 27,08 l haben.

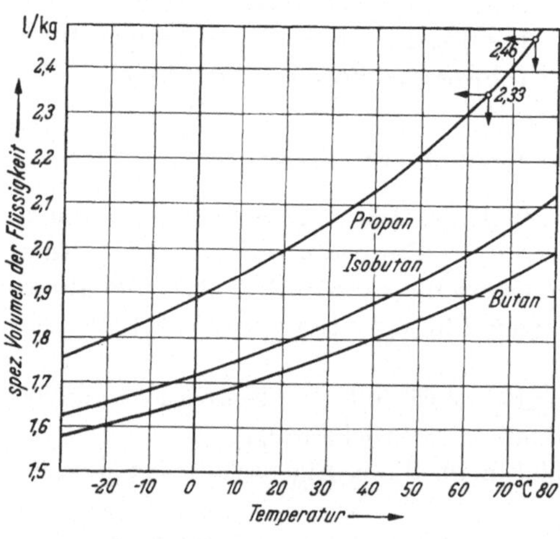

Abb. 3. Ausdehnungsverhalten von Flüssiggas (flüssig) unter Temperatureinfluß

Aus dem Diagramm auf Abb. 3 ist zu ersehen, bei welchen Temperaturen jeweils ein bestimmtes Volumen je kg Flüssiggas erreicht ist. Auf der Kurve für Propan sind die Werte 2,332 und 2,462 markiert. Die dafür zu ermittelnden Temperaturen von 64 °C bzw. 74,5 °C sind die Temperaturen, bei denen die Flaschen gerade restlos mit Flüssigkeit gefüllt sind.

Eine 33-kg-Flasche mit einem Rauminhalt von 77,5 l ist also gerade bei 64 °C, eine 11-kg-Flasche mit 27,17 l Rauminhalt gerade bei 74,5 °C restlos mit Flüssigkeit gefüllt, wenn reines Propan als Flüssiggas verwendet wird. Bis zu dieser Temperatur verhält sich der Druck in der Flasche nach dem Diagramm Abb. 2 (Dampfdruck für Flüssiggas). Ist die Flasche jedoch restlos mit Flüssigkeit gefüllt, so steigt der Druck spontan an, da das elastische Gaspolster fehlt. Lediglich eine geringe

Kompressibilität der Flüssigkeit und das elastische Dehnungsvermögen der Flaschenwandungen bewirken den noch gering kontrollierbaren Druckanstieg um rund 7 bis 8 at je 1 °C Temperaturerhöhung.

c) Verbrennungseigenschaften

Die Kohlenwasserstoffe Propan (C_3H_8) und Butan (C_4H_{10}) sind brennbare Gase. Bei entsprechender Sauerstoffzufuhr verbrennen diese Gase zu Kohlensäure (CO_2) und Wasserdampf (H_2O), wobei die dem Heizwert entsprechende Wärme frei wird.

Aus der im folgenden aufgemachten Verbrennungsrechnung sind alle im Zusammenhang mit der Verbrennung auftretenden Funktionen ersichtlich. Zu der chemischen Auslegung der Verbrennung ist zu erwähnen, daß die Gewichtsverhältnisse der einzelnen Bestandteile zueinander, die eine Verbindung eingehen, durch die Molekulargewichte gegeben sind.

Die in diesem Zusammenhang interessierenden Molekulargewichte sind:

Sauerstoff O_2 – Molekulargewicht 32,
Wasserstoff H_2 – Molekulargewicht 2,
Kohlenstoff C – Molekulargewicht 12.
Also Propan C_3H_8 – Molekulargewicht $3 \cdot 12 + 4 \cdot 2 = 44$,
Butan C_4H_{10} – Molekulargewicht $4 \cdot 12 + 5 \cdot 2 = 58$

1. *Verbrennung von Propan*

44 kg C_3H_8 = 36 kg C + 8 kg H_2

12 kg C	verbrennen mit	32 kg O_2	zu	44 kg CO_2
36 kg C	,, ,,	96 kg O_2	,,	132 kg CO_2
2 kg H_2	,, ,,	16 kg O_2	,,	18 kg H_2O
8 kg H_2	,, ,,	64 kg O_2	,,	72 kg H_2O

---

36 + 8 kg C_3H_8	verbrennen mit	96 + 64 kg O_2	zu	132 kg CO_2 + 72 kg H_2O
44 kg C_3H_8	,, ,,	160 kg O_2	,,	132 kg CO_2 + 72 kg H_2O
1 kg C_3H_8	,, ,,	3,64 kg O_2	,,	3 kg CO_2 + 1,64 kg H_2O

0,232 kg O_2 ist enthalten in 1 kg = 0,775 m³ Luft
3,64 kg O_2 ist enthalten in 15,7 kg = 12,15 m³ Luft

1 kg = 0,509 m³ C_3H_8 (Gas) benötigt also zur vollkommenen Verbrennung 12,15 m³ Luft

1 m³ C_3H_8 (Gas) benötigt also zur vollkommenen Verbrennung 23,9 m³ Luft

---

2. *Verbrennung von Butan*

58 kg C_4H_{10} = 48 kg C + 10 kg H_2

12 kg C	verbrennen mit	32 kg O_2	zu	44 kg CO_2
48 kg C	,, ,,	128 kg O_2	,,	176 kg CO_2
2 kg H_2	,, ,,	16 kg O_2	,,	18 kg H_2O
10 kg H_2	,, ,,	80 kg O_2	,,	90 kg H_2O

48 + 10 kg C_4H_{10} verbrennen mit 128 + 80 kg O_2 zu 176 kg CO_2 + 90 kg H_2O
58 kg C_4H_{10} ,, ,, 208 kg O_2 ,, 176 kg CO_2 + 90 kg H_2O
1 kg C_4H_{10} ,, ,, 3,59 kg O_2 ,, 3,04 kg CO_2 + 1,55 kg H_2O

0,232 kg O_2 ist enthalten in 1 kg = 0,775 m³ Luft
3,59 kg O_2 ist enthalten in 15,5 kg = 12,02 m³ Luft

1 kg = 0,386 m³ C_4H_{10} (Gas) benötigt also zur vollkommenen Verbrennung 12,02 m³ Luft

1 m³ C_4H_{10} (Gas) benötigt also zur vollkommenen Verbrennung 31,10 m³ Luft

Eine solche Verbrennung, bei der gerade so viel Sauerstoff bzw. Luft zugeführt wird, wie zur vollkommenen Verbrennung erforderlich ist, nennt man stöchiometrisch.

Für 1 kg Propan ist also 3,64 kg Sauerstoff bzw. 15,7 kg Luft die stöchiometrische Sauerstoffmenge. Für Butan beträgt diese stöchiometrische Sauerstoffmenge gemäß vorstehender Rechnung 3,59 kg Sauerstoff bzw. 15,5 kg Luft.

Wird mehr Sauerstoff bzw. Luft, als der stöchiometrischen Menge entspricht, zugeführt, so liegt Sauerstoff- bzw. Luftüberschuß vor. Hierbei verbrennen alle brennbaren Bestandteile ebenso vollkommen, d.h. Kohlenstoff zu Kohlensäure und Wasserstoff zu Wasserdanpf, wie bei stöchiometrischem Verhältnis, wobei der überschüssige Luft- bzw. Sauerstoffanteil unverbraucht in das Verbrennungsgas eingeht.

Das Verbrennungsgas, das der Träger der durch die Verbrennung ausgelösten Wärme ist, soll diese Wärme auf Grund seiner Temperatur an die zu beheizende Fläche abgeben. Für diese Wärmeabgabe ist die Temperaturdifferenz zwischen dem Verbrennungsgas und der zu beheizenden Fläche von ausschlaggebender Bedeutung. Enthält das Verbrennungsgas über die natürlichen Verbrennungsprodukte hinaus einen überschüssigen, unverbrauchten Luft- bzw. Sauerstoffanteil, so muß die Verbrennungswärme diesen Teil mit erwärmen, wodurch die Temperatur naturgemäß geringer wird und somit weniger Wärme zur Übertragung zur Verfügung steht.

Wird weniger Sauerstoff bzw. Luft, als der stöchiometrischen Menge entspricht, zugeführt, so liegt Sauerstoff- bzw. Luftmangel vor. Hierbei verbrennen die brennbaren Bestandteile entsprechend dem Sauerstoffmangel unvollkommen, d.h., es entstehen im Abgas anteilig Kohlenmonoxid CO, das unvollkommene Verbrennungsprodukt des Kohlenstoffs C, bei großem Sauerstoffmangel sogar reiner Kohlenstoff in Form von Ruß und reiner Wasserstoff H. Die bei einer solchen unvollkommenen Verbrennung im Abgas auftretenden Anteile an Kohlensäure (CO_2), Kohlenmonoxid (CO), Wasserdampf (H_2O) und Wasserstoff (H_2) stehen zueinander in einem bestimmten gesetzmäßigen Verhältnis (Gleichgewicht), das von der auftretenden Temperatur beeinflußt wird.

Kohlenmonoxid (CO) und Wasserstoff (H_2) sind aber noch brennbare Gase, die durch den Sauerstoffmangel unverbrannt übriggeblieben sind. Diese Bestandteile haben also ihren Heizwert nicht ausgelöst und gehen unverbrannt in das Verbrennungsgas mit ein, dessen Temperatur somit durch diesen Wärmeverlust geringer ist.

Das äußere Merkmal eines Verbrennungsvorganges ist die Temperatur, mit der die Verbrennungsprodukte den Vorgang verlassen. Ebenso, wie hocherhitztes Eisen sichtbar glühend ist, zeigen die Verbrennungsprodukte eine sichtbare Glühfarbe, die man allgemein als „Flamme“ bezeichnet. Diese Verbrennungstemperatur ist die Auswirkung der bei der Verbrennung frei werdenden Wärme, d.h. des Heizwertes.

Der jeder brennbaren Substanz beigegebene Verbrennungswert bzw. Heizwert stellt die Wärmemenge in kcal/kg dar, die bei vollkommener Verbrennung frei wird. Hierbei gibt der Verbrennungswert die gesamte Wärmemenge an, während der Heizwert diese gesamte Wärme abzüglich der Wärme angibt, die erforderlich ist, das aus der Verbrennung des Wasserstoffanteils entstehende Wasser in Dampfform zu belassen. Der Heizwert ist also die praktisch verwertbare Wärmemenge.

Dieser Heizwert, ausgedrückt in kcal, verteilt sich bei der Verbrennung auf die dabei entstehenden Verbrennungsgase entsprechend der von Natur festliegenden spezifischen Wärme dieser Bestandteile so, daß alle Anteile auf eine gemeinsame, gleiche Temperatur erhitzt werden. Unter „spezifischer Wärme“ versteht man die Wärmemenge, die erforderlich ist, 1 kg eines Stoffes um 1 °C zu erwärmen.

Aus dem Vorstehenden erhellt deutlich, daß die höchste Temperatur bei stöchiometrischer Verbrennung vorliegen müßte. Praktisch verschiebt sich das Temperaturmaximum in den unterstöchiometrischen Bereich. Die Ursache hierfür ist, daß die Verbrennungsprodukte bei Temperaturen von über 1500 °C dissoziieren, wobei Wärme verbraucht wird. Durch Sauerstoff- bzw. Luftmangel gelingt es praktisch, diese Dissoziation vorwegzunehmen. Ebenso wie bei der Dissoziation kommt ein Teil der Verbrennungswärme nicht zum Tragen, doch wird dabei die Gasmenge um den Sauerstoff- bzw. Luftmangelanteil verringert. Dieser Anteil verbraucht keine Wärme, wodurch die Temperatur höher wird. Da das Ausmaß der Dissoziation von der Temperatur abhängt, ist der Sauerstoffmangel um so größer, je höher die erwartete Temperatur ist. Bei Verbrennungsprozessen mit reinem Sauerstoff liegt das Temperaturmaximum beispielsweise bei einem Sauerstoffmangel von über 30%.

Ferner wird die Verbrennungstemperatur naturgemäß durch den Stickstoff in der Luft, der als indifferenter Bestandteil in die Verbrennungsgase mit eingeht und durch die Verbrennungswärme erwärmt werden muß, beeinflußt. Wird der Verbrennung reiner Sauerstoff stöchiometrisch zugeführt, so liegt die Verbrennungstemperatur in der Größenordnung um etwa 800 °C höher, als wenn stattdessen im stöchiometri-

Tabelle 5. *Verbrennungseigenschaften verschiedener Gase*

Gas	Chemische Formel	Molekulargewicht	Raumgewicht		Heizwert *Hu*		Stöchiometrischer Bedarf					
							Sauerstoff			Luft		
			flüssig kg/l	Gas kg/Nm³	kcal/Nm³	kcal/kg	kg/kg	Nm³/kg	Nm³/Nm³	kg/kg	Nm³/kg	Nm³/Nm³
Aethan	C_2H_6	30	0,55	1,356	15380	11330	3,69	2,58	3,5	15,87	12,3	16,67
Propan	C_3H_8	44	0,511	1,96	21700	11070	3,64	2,55	5	15,7	12,15	23,9
Propylen	C_3H_6	42	0,55	1,92	20600	10940	3,36	2,35	4,5	14,8	11,2	21,4
Butan	C_4H_{10}	58	0,580	2,59	28300	10920	3,59	2,51	6,5	15,5	12,02	31,1
Isobutan	C_4H_{10}	58	0,567	2,67	29200	10900	3,59	2,51	6,5	15,5	12,02	31,1
Butylen	C_4H_8	56	0,6	2,50	27000	10800	3,38	2,4	6,0	14,8	11,4	28,6
Stadtgas	—	—	—	0,59	3880	6560	1,95	1,37	0,81	8,4	6,51	3,83
Acetylen	C_2H_2	26	0,518	1,16	13600	11620	3,08	2,15	2,5	13,3	10,25	11,9
Wasserstoff	H_2	2	0,071	0,089	2550	28570	8	5,6	0,5	34,6	26,7	2,39
Sauerstoff	O_2	32	1,195	1,43	0	0	0	0	0	0	0	0
Luft	$O_2 + N_2$	28,82	0,52	1,29	0	0	0	0	0	0	0	0

schen Verhältnis Luft zugeführt wird, die zu 23,2 Gew.-% aus Sauerstoff (O_2) und zu 76,8 Gew.-% aus Stickstoff (N_2) besteht. Die Tab. 5 gibt einige wichtige Werte für eine Anzahl im Zusammenhang mit der Behandlung von Flüssiggas auftretende Gase an.

Tabelle 6

	Höchste Verbrennungs-temperaturen	
	mit Luft	mit Sauerstoff
Propan	1925 °C	2850 °C
Stadtgas	1918 °C	2730 °C
Acetylen	2825 °C	3100 °C
Wasserstoff	2045 °C	2525 °C

Die Tab. 6 zeigt die höchsten Verbrennungstemperaturen für einige Gase.

d) Zündverhalten

Beim Einsatz von Flüssiggas für Verbrennungszwecke müssen die Zündeigenschaften besonders berücksichtigt werden, da diese maßgeblich von denen anderer Gase abweichen. Die folgende Tabelle zeigt die wichtigsten von Natur gegebenen Werte in bezug auf das Zündverhalten für die am meisten interessierenden Gase.

Tabelle 7

Gas	°C Zündtemperatur		cm/sec max. Zünd-geschwindigkeit		Vol.-% im Gemisch Zündgrenzen	
	mit Luft	mit Sauerstoff	mit Luft	mit Sauerstoff	mit Luft	mit Sauerstoff
Propan	510	490	42	450	2,1–9,5	2,0–48
Butan	490	460	39	370	1,5–8,5	1,3–47
Stadtgas	560	450	68	710	6,0–35	4,0–70
Acetylen	335	300	130	1310	2,3–82	2,8–93
Wasserstoff	510	450	267	890	4,1–75	4,5–95

Die Zündtemperatur eines Gases ist die Temperatur, bei der es sich in stöchiometrischer Mischung mit Luft bzw. Sauerstoff ohne Einwirkung einer offenen Flamme entzündet. Diese Selbstentzündungstemperatur liegt für Flüssiggas speziell gegenüber Acetylen besonders hoch. Dieser Umstand spielt jedoch bei den heutigen Anwendungsgebieten für Flüssiggas keine große Rolle. – Die Kenntnis der Zündtemperaturen kann lediglich im Zusammenhang mit einem erwogenen Einsatz von Flüssiggas als Brennstoff im Dieselmotor von Wichtigkeit sein. Hier muß das Brennstoff-Luft-Gemisch durch die Kompression auf die Zündtemperatur erhitzt werden. Die Zündtemperatur von Gasöl in Vermischung mit Luft liegt bei Atmosphärendruck bei 330 °C, wird also erheblich durch die Zündtemperatur des Butans von 490 °C übertroffen.

Bedeutungsvoller ist der enge Explosionsbereich für Flüssiggas in Vermischung mit Luft. Diese Eigenschaft ist von großer Wichtigkeit für Verwendungsgebiete, in denen Gas-Luft-Mischungen vorkommen. – In jedem Gasbrenner mit Primärluftzufuhr liegt zwischen dem Eintritt der Primärluft und der Brennermündung ein Gas-Luft-Gemisch vor. Bei Verwendung von Flüssiggas ist es erheblich leichter, dieses Gemisch außerhalb des Bereiches für die Zündfähigkeit zu halten, als bei Stadtgas mit seinem breiten Zündbereich. Hierdurch sind die bei den Stadtgasbrennern so bekannten Flammrückschläge in das Brennerrohr bei Flüssiggas unter normalen Betriebsverhältnissen fast ausgeschlossen.

Eine sehr große Bedeutung hat die geringe Zündgeschwindigkeit des Flüssiggases, die gegenüber Stadtgas wesentlich geringer und gegenüber Acetylen sogar nur etwa $^1/_3$ so groß ist. Dieser Zündgeschwindigkeit, unter der die Fortpflanzungsgeschwindigkeit der Verbrennung zu verstehen ist, muß bereits bei der Konstruktion der Brenner Rechnung getragen werden, was an dem folgenden Beispiel näher erläutert sei:

Die Umstellung eines einfachen sog. Bunsenbrenners von Stadtgas auf Flüssiggas erscheint auf den ersten Blick leicht dadurch möglich, indem die Gasdüse einfach so weit verkleinert wird, daß die durchgehende Flüssiggasmenge ebensoviel Wärme liefert, wie das vorher verwendete Stadtgas. Das durch die Gasdüse zugemessene Gasvolumen muß entsprechend der Heizwertrelation (s. Tab. 5) auf etwa $^1/_6$ verringert werden. – Meistens wird man bei einem so einfach abgeänderten Stadtgasbrenner beobachten, daß die Flamme sich nicht am Brennermundstück hält, sondern abhebt und verlöscht. Dieses bedeutet, daß die Gasaustrittsgeschwindigkeit zu groß ist im Verhältnis zur Zündgeschwindigkeit. Solch ein Gasbrenner war in seinen Querschnitten ursprünglich so bemessen worden, daß die Austrittsgeschwindigkeit des Gases mit seiner Primärluft um ein geringes die Zündgeschwindigkeit des Stadtgases übertraf. Für Flüssiggas mit seiner geringeren Zündgeschwindigkeit gegenüber Stadtgas ist diese Austrittsgeschwindigkeit aber zu groß, d.h., die Flamme wird vom Brennermundstück fortgetragen.

Um einen solchen Brenner also für Flüssiggas mit der gleichen Leistung wie bei Stadtgas verwendbar zu machen, ist es erforderlich, die Gasaustrittsgeschwindigkeit an der Brennermündung durch Vergrößerung des Brennerquerschnitts zu senken. Will man also Flüssiggas in einem Bunsenbrenner verwenden, so muß bereits konstruktiv auf dieses Gas Rücksicht genommen werden. Wo eine solche Bauweise nicht möglich ist, kann eine konische Erweiterung des Brenners gewählt werden, in der die Austrittsgeschwindigkeit des Gases gesenkt wird. Meistens verwendet man jedoch folgenden, sehr interessanten Kunstgriff:

Versucht man, einen Brenner, der eine für Flüssiggas zu hohe Austrittsgeschwindigkeit des Gases liefert, anzuzünden, so wird man feststellen, daß die Flamme sich so lange, ohne abgeblasen zu werden, an der Brennermündung hält, wie man die Zündflamme, Streichholz oder Feuerzeug an die Brennermündung hält, d.h. so lange, wie die Flamme in ihrer Wurzel durch eine andere Flamme laufend neu entzündet wird. Hieraus entstand die Idee der Flammenstabilisierung und damit der durch Hilsflammen stabilisierte Brenner. Der Brenner wird so konstruiert, daß um die Hauptflamme herum kleine Stabilisierungsflämmchen, die mit geringer Gasaustrittsgeschwindigkeit brennen, angeordnet sind. Hierdurch wird die eigentliche Hauptflamme, die auf Grund der für Flüssiggas zu hohen Gasaustrittsgeschwindigkeit abblasen würde, an ihrer Entstehungsstelle immer neu entzündet und somit „stabilisiert“.

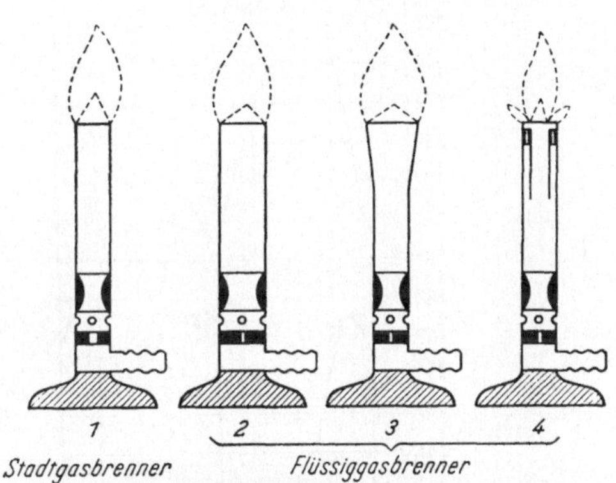

Abb. 4. Schematische Darstellung von Bunsenbrennern gleicher Wärmeleistung für Stadtgas und Flüssiggas

Abb. 4 zeigt schematisch vier Bunsenbrenner gleicher Wärmeleistung in Gegenüberstellung unter Anwendung der oben erwähnten Maßnahmen.

In das Schaubild Abb. 5 sind die Zündgeschwindigkeiten in Abhängigkeit von dem Mischungsverhältnis mit Luft bzw. Sauerstoff für die in vorstehender Tabelle für die Zündeigenschaften aufgeführten Gase eingetragen. Die maximale Zündgeschwindigkeit liegt jeweils beim stöchiometrischen Mischungsverhältnis vor.

Ein Einfluß der Gastemperatur auf die Fortpflanzungsgeschwindigkeit der Verbrennung konnte wahrscheinlich wegen der Schwierigkeit, die mit der Durchführung solcher Messungen verbunden sind, lange Jahre nicht festgestellt werden. Untersuchungen von Ubbelohde und Hofsäss im Jahre 1913 zeigten nur einen sehr geringen Einfluß. Ein ähnliches Ergebnis fand Sachse 1937. Bis 1949 behielten diese Ergebnisse Gültigkeit. Erst in jüngerer Zeit wurde nach neuen Meßverfahren ein erheblicher Einfluß gefunden. Abb. 6 zeigt diese Abhängigkeit der Fortpflanzungsgeschwindigkeit der Verbrennung von der Temperatur des Gas-Luft-Gemisches, wie sie in relativ guter Übereinstimmung von verschiedenen Stellen ermittelt wurde. Die gefundenen Werte gelten nur für stöchiometrische Mischungsverhältnisse.

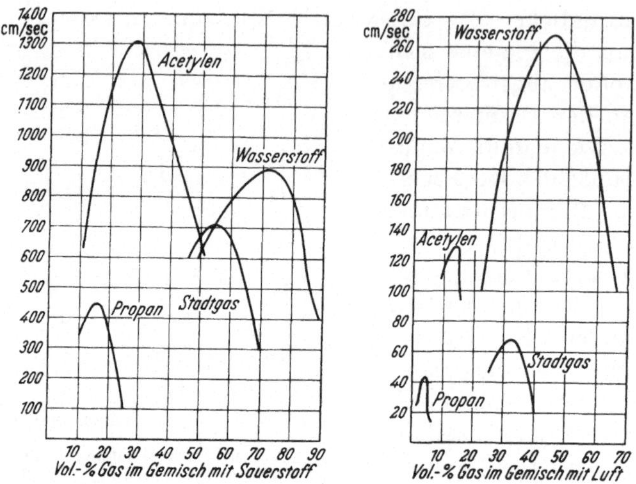

Abb. 5. Zündgeschwindigkeiten verschiedener Gase. (Fortpflanzungsgeschwindigkeit der Verbrennung)

Die Tatsache, daß die Fortpflanzungsgeschwindigkeit der Verbrennung so erheblich mit der Temperatur wächst, läßt sich bei richtig ausgewählter Austrittsgeschwindigkeit der Gas-Luft-Mischung aus Brenner-

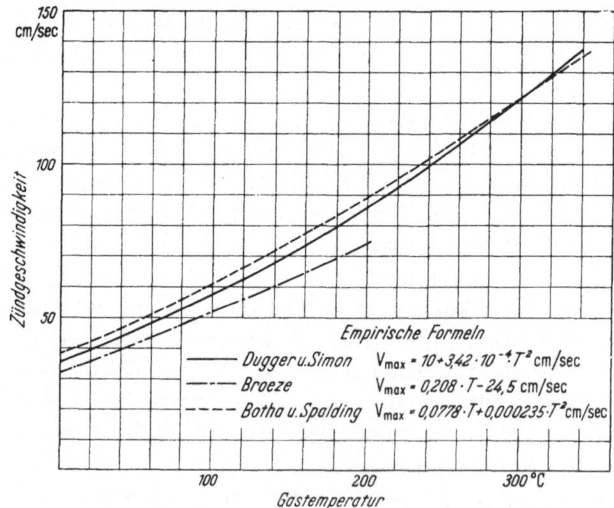

Abb. 6. Abhängigkeit der maximalen Zündgeschwindigkeit von der Temperatur des Gasgemisches für Propan/Luft

mündungen zur Stabilisierung von Propanflammen ausnutzen, eine Maßnahme, die bis heute noch wenig erkannt ist.

Mit Hilfe des Spitzenwinkels der Primärflamme läßt sich leicht die Zündgeschwindigkeit oder Fortpflanzungsgeschwindigkeit der Verbrennung als Eigenschaft eines brennbaren Gases bestimmen. Abb. 7 zeigt eine solche Bunsenflamme schematisch.

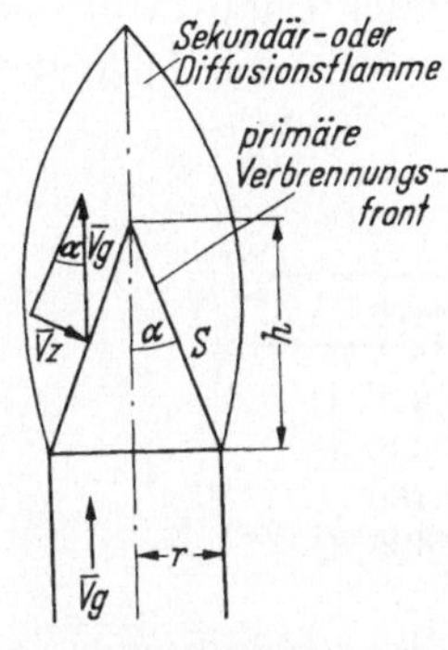

Abb. 7. Ermittlung der Zündgeschwindigkeit eines Gases aus der Primärkegelhöhe einer Bunsenflamme

$$Vz = Vg \cdot \sin\alpha$$

$$\sin\alpha = \frac{r}{s}$$

$$s = \sqrt{r^2 + h^2}$$

$$Vz = Vg \frac{r}{\sqrt{r^2 + h^2}}$$

Vz = Zündgeschwindigkeit der Gas-Luft- bzw. Gas-Sauerstoff-Mischung

Vg = Mündungsgeschwindigkeit der Gas-Luft- bzw. Gas-Sauerstoff-Mischung

r = Mündungsradius

h = Höhe des Primärkegels

Da die Mündungsgeschwindigkeit und die Zündgeschwindigkeit der primären Gas-Luft- bzw. Gas-Sauerstoff-Mischung entsprechend dem eingezeichneten Vektorendreieck miteinander im Gleichgewicht stehen, ergibt sich als Berechnungsformel für die Zündgeschwindigkeit

$$\text{Zündgeschwindigkeit} = \text{Mündungsgeschwindigkeit} \frac{\text{Mündungsradius}}{\sqrt{\text{Mündungsradius}^2 + \text{Kegelhöhe}^2}}$$

Die Zündgeschwindigkeit ist darüber hinaus eine Funktion des Mischungsverhältnisses vom Gas mit Luft bzw. Sauerstoff und entsprechend Abb. 6 auch der Temperatur der Mischung.

e) Thermische Beständigkeit

Die gesättigten Kohlenwasserstoffe (C_nH_{2n+2} = Paraffine) verhalten sich gegenüber den ungesättigten Verbindungen (C_nH_{2n} = Olefine) bezüglich ihrer thermischen Beständigkeit unterschiedlich. Die Hauptform der thermischen Beeinflussung der Paraffine, wie Methan, Äthan, Propan und Butan, besteht in einer Zersetzung, wobei sich aus ihnen andere Stoffe, überwiegend ebenfalls Gase, bilden. Diese Eigenschaft wird meistens in beschleunigter Form unter Anwendung von Katalysatoren, meistens Nickel oder Aluminium, in Crackanlagen ausgenutzt, wenn es sich daraum handelt, ein Zusatzgas zur Spitzenabdeckung bei der Stadtgaserzeugung herzustellen. Durch einen solchen, als Reformierung bezeichneten Prozeß erhält man ein Gemisch von sog. permanenten Gasen, das praktisch in beliebiger Menge dem Stadtgas zugesetzt werden kann, ohne seine Brenn- und Zündeigenschaften maßgebend zu beeinflussen. Die Anfälligkeit der paraffinischen Kohlenwasserstoffe gegen Zersetzung wächst mit steigender Kettenlänge, wachsender Temperatur und steigendem Druck. Für den Zersetzungsbeginn wurden die folgenden Temperaturbereiche ermittelt:

Tabelle 8

Kohlenwasserstoff		Zersetzungsbereich
Methan	CH_4	von 540 °C bis 675 °C
Äthan	C_2H_6	von 450 °C bis 435 °C
Propan	C_3H_8	von 425 °C bis 460 °C
Butan	C_4H_{10}	von 400 °C bis 435 °C

Es wurde ermittelt, daß die Beständigkeit der Isoverbindungen im allgemeinen etwas geringer ist als die der Normalverbindungen.

Wie aus der Breite der obigen Zersetzungsbereiche hervorgeht, ist die Druckabhängigkeit der Zersetzung bei den leichteren Kohlewasserstoffen größer als bei den schweren. Beispielsweise ergibt eine Drucksteigerung von 1 atü auf 7 atü bei Propan bereits eine Verkürzung der Kontaktzeit zur Erzielung einer 20%igen Zersetzung um fast 50%. Bei Butan dagegen vermindert die gleiche Drucksteigerung die Kontaktzeit zur Erzielung einer 20%igen Zersetzung um nur wenige Prozent. Das bedeutet, daß Butan bei 7 atü bei höheren Temperaturen (650 °C) praktisch genauso beständig ist wie bei 1 atü. Die Tab. 9 gibt als Beispiel das Maß der Zersetzung in Prozent in Abhängigkeit von einigen Temperaturen und der Kontaktzeit an.

Tabelle 9

Temperatur °C	Zeit	Druck atü	C_2H_6	C_3H_8	C_4H_{10}
430	51 min	1,0	–	–	6
650	12 sec	1,0	6	–	–
650	11 sec	1,0	–	16	–
650	10 sec	1,0	–	–	32,7
950	konstant	1,0	35,8	48,7	63,0

Bei den ungesättigten Kohlenwasserstoffen, den Olefinen, wie Acetylen, Äthylen, Propylen und Butylen liegen die Verhältnisse wesentlich komplizierter. Hier gibt es drei Formen der thermischen Beeinflussung:

1. Polymerisation – 2. Zersetzung – 3. Isomerisation.

Am wesentlichsten ist die *Polymerisation*. Die beiden anderen Arten der thermischen Beeinflussung stehen anteilig erheblich zurück.

Bei der Polymerisation der Olefine entstehen ölige Flüssigkeiten, deren Menge bei bestimmten thermischen Bedingungen als Maßstab der Beständigkeit gegen Polymerisation gewertet wird.

Die vorliegenden Untersuchungen über die thermische Polymerisationsempfindlichkeit erstrecken sich auf Drücke zwischen 35 und 210 atü und ergeben bei Temperaturen zwischen 370 und 455 °C Polymerisationsausbeuten um 50% und mehr. Bei der Anwendung der Flüssiggase in der Industrie treten in den Verdampfungsanlagen derartige Temperaturen nicht auf. Auch ist in der Praxis unter normalen Bedingungen nicht mit derartigen Flaschendrücken zu rechnen. Eine zweifellos gewagte Extrapolation würde bei normalem Flaschendruck bei einer Temperatur von 455 °C eine Polymerisationsausbeute von 1,6 bis 2% ergeben. Die Temperaturen, die eine maximale Polymerisationsausbeute bei Atmosphärendruck ergeben, sind für

Äthylen 810 °C
Propylen 790 °C
Butylen 765 °C.

Die *Zersetzung* olefinischer Kohlenwasserstoffe beginnt bei relativ niedrigen Temperaturen. Auch hier wurden Temperaturbereiche ermittelt, und zwar

Kohlenwasserstoff	Zersetzungsbereich
Äthylen	von 380 °C bis 400 °C
Propylen	von 357 °C bis 375 °C
Butylen	von 325 °C bis 350 °C

Der Anteil der zersetzten Gase beträgt bei einer Kontaktzeit von 6 h jedoch nur einige Prozent.

Die *Isomerisation*, d.h. die Bildung von Isoverbindungen aus geradkettigen Verbindungen unter Erhaltung der Bruttoformel, ist bei den niedrigen Olefinen bis zum Propylen noch nicht beobachtet worden. Lediglich das Butylen und die höheren Olefine zeigen diese Erscheinung. Die Isomerisationstemperatur des Butylens liegt bei 600 bis 650 °C, also so hoch, daß bei der praktischen Anwendung der Flüssiggase mit einem solchen thermischen Einfluß nicht zu rechnen ist.

Zusammenfassend kann bezüglich der thermischen Beständigkeit der Flüssiggase Propan und Butan sowie ihrer Olefine gesagt werden, daß der erste Einfluß bei einer Temperatur von 325 °C, der Anfangszersetzungstemperatur von Butylen, zu erwarten ist. Das so häufig gefürchtete Auftreten von Polymerisationen beginnt bei erheblich höheren Temperaturen.

5. Sicherheitsmaßnahmen und Vorschriften

Flüssiggas als brennbares Gas, das unter Druck gelagert wird, erfordert die Beachtung besonderer Sicherheitsmaßnahmen, die in behördlichen Vorschriften niedergelegt sind.

Alle bei der Lagerung und Verwendung von Flüssiggas zu beachtenden Sicherheitsvorschriften bauen sich logisch auf den Eigenschaften dieser Gas auf und erstrecken sich bereits auf die Konstruktion der Druckflaschen, ihre regelmäßige Überprüfung, auf den Füllvorgang, das zulässige Füllgewicht, die Anbringung von Überdruckauslässen, die Lagerung des Flüssiggases sowie die Konstruktion und Aufstellung von Verbraucheranlagen.

Es wäre müßig, an dieser Stelle auf alle Einzelheiten einzugehen, da alles in behördlichen Verordnungen und Richtlinien und Leitsätzen zusammengefaßt ist, die am Schluß dieses Kapitels aufgeführt sind.

Man muß sich besonders folgende Eigenschaften des Flüssiggases vor Augen halten, auf denen sich alle erforderlichen Sicherheitsmaßnahmen – wie erwähnt – logisch aufbauen:

1. Raumgewicht höher als Luft,
2. Geruchlosigkeit,
3. hohe Wärmeausdehnung der Flüssigkeit.

Das gegenüber Luft etwa 1,5mal so hohe Raumgewicht bedingt, daß Flüssiggas zu Boden sinkt, d.h., daß es sich beim Austreten durch irgendwelche Undichtigkeiten im Leitungssystem auf dem Boden ausbreitet und nicht wie das gegenüber Luft leichtere Stadtgas aufsteigt und entweicht. – Diese für Flüssiggas hinsichtlich der meisten Sicherheitsvorschriften wichtigste Eigenschaft kann gar nicht eindringlich genug vor Augen gehalten werden.

Aus eventuellen Undichtigkeiten austretendes Gas muß ins Freie abfließen können. Deshalb ist die Aufstellung und der Betrieb von Flüssiggasanlagen in Kellerräumen oder nahe an Niedergängen zum Keller strengstens untersagt.

Wenn aus der Mündung eines Brenners mit Primärluftansaugung die Gas-Luft-Mischung unverbrannt austritt, so ist hier das Flüssiggas bereits mit der Primärluft, d.h. etwa 60% der für die vollkommene Verbrennung stöchiometrisch notwendigen Luftmenge vermischt. Wie auf der Tab. 5 angegeben, beträgt die stöchiometrische Luftmenge für 1 kg Propan 15,7 kg Luft. Hiervon werden 60%, also $15{,}7 \cdot 0{,}6 = 9{,}4$ kg Luft, primär angesaugt. Das Raumgewicht dieser Mischung aus 1 kg Propan und 9,4 kg Luft beträgt dann

$$\frac{1{,}96 \cdot 1 + 1{,}29 \cdot 9{,}4}{10{,}4} = 1{,}4 \text{ kg/Nm}^3.$$

Dieses Raumgewicht von 1,4 kg/Nm³ ist gegenüber Luft mit 1,29 kg/Nm³ nur unwesentlich höher. Diese Gasmischung wird sich der allgemeinen Luftbewegung im Raum anschließen und nicht so schnell wie das reine Propan mit seinem Raumgewicht von 1,96 kg/Nm³ zu Boden sinken. Eine Entmischung einer einmal eingetretenen innigen Vermischung von Flüssiggas mit Luft auf Grund des unterschiedlichen Raumgewichts der beiden Bestandteile ist nicht zu befürchten. Davon, daß solch eine Flüssiggas-Luft-Mischung keine große Neigung hat, zu Boden zu sinken, kann man sich auf einfachste Weise praktisch überzeugen, indem man ein brennendes Zündholz unter eine Brennermündung eines eingeschalteten Gasherdes hält. Die Gasmischung entzündet sich nicht, da sie nicht nach unten fällt. Die Entzündung tritt erst ein, wenn man die Zündquelle direkt vor die Brennermündung hält. Diese Tatsache zeigt, daß geringe Gasmengen, die in dem Zeitraum zwischen Öffnung des Gashahnes und Entzündung des Brenners aus den Brennermündungen austreten, keine Gefahr bedeuten. Auch eine durch äußere Einflüsse verlöschte Zündflamme an einem Gasbadeofen bedeutet selten eine größere Gefahr als bei Stadtgas, da diese kleinen Zündflammenbrenner für Flüssiggas immer mit Primärluftansaugung als sog. Bunsenbrenner, d.h. mit einer „entleuchteten" Flamme, brennen, während Zündflammen für Stadtgas ohne Primärluft brennen. Hinzu kommt noch, daß der Verbrauch einer Zündflamme äußerst gering ist und nie mehr als 5 l je h beträgt. Wenn trotzdem heute die Sicherheitsorgane für die Zündflamme an Gasbadeöfen häufig so gestaltet sind, daß jegliche Gaszufuhr unterbunden wird, schon wenn die Zündflamme erlischt, so sieht man daraus, welcher Wert auf Sicherheit bei Verwendung von Flüssiggas im Haushalt gelegt wird.

Die schwache Wahrnehmbarkeit des Geruches ist eine an sich wenig erfreuliche Eigenschaft des Flüssiggases. Unkontrolliert ausgeströmtes Flüssiggas wird nicht so leicht bemerkt wie das intensiv riechende Leuchtgas, so daß unter Umständen schon größere Mengen ausgetreten sein können, ehe Maßnahmen zur Beseitigung der Undichtigkeit getroffen werden. In manchen Ländern wird aus diesem Grunde das Flüssiggas mit einem stark wahrnehmbaren Geruchzusatz versehen, es wird odorisiert. Solche Zusätze können aus Merkaptanen, d.h. Schwefelverbindungen, oder auch aus künstlichen Riechstoffen bestehen, die wegen ihrer geringen Zusatzmenge auf die Verbrennungseigenschaften des Flüssiggases keinen Einfluß haben.

Die Ausdehnung des Flüssiggases in flüssiger Phase durch Temperatureinfluß ist im Vergleich zu anderen gebräuchlichen Flüssigkeiten besonders groß. Diese Eigenschaft ist unter 4b ausführlich behandelt. Sicherheitstechnisch spielt dieses thermische Ausdehnungsverhalten bei der für die Flaschenfüllung zugelassenen Menge für ein zur Verfügung stehendes Volumen eine Rolle. Eine unangebroche Flüssiggasflasche muß demnach über der Flüssigkeit ein genau vorgeschriebenes Gaspolster enthalten, das eine Ausdehnung der Flüssigkeit als Folge einer Erwärmung von außen durch Sonnenbestrahlung usw. aufnehmen kann.

Aus Abb. 3 geht hervor, daß 1 kg flüssiges Propan bei 10 °C ein Volumen von 1,94 l einnimmt. In der 33-kg-Flasche muß diesem 1 kg Propan aber ein Raum von 2,332 l zur Verfügung stehen. Erst bei 64 °C haben sich die 1,94 l auf 2,332 l Propan so weit ausgedehnt (s. Abb. 3), daß die Flasche völlig mit Flüssigkeit gefüllt ist. – Zu den in diesem Zusammenhang erlassenen Sicherheitsbestimmungen gehören auch Vorschriften über die Bedachung von Flaschenlagern, der Schutz der außen am Haus stehenden Haushaltsflaschen gegen Sonnenbestrahlung sowie der Abstand der kleinen Haushaltsflasche von anderen Feuerstellen usw. Alle diese Vorschriften gipfeln also darin, Undichtigkeiten zu unterbinden und unvermeidliche Wärmeausdehnung der Flüssigkeit im Lagerbehälter ohne Gefahr für die Umgebung aufzunehmen.

Die Vorschriften, die auf eine weitestgehende Dichtigkeit einer Flüssiggasanlage hinzielen, müssen erheblich strenger sein als bei Stadtgas. Einerseits ist der Gasdruck in Haushaltsanlagen für Flüssiggas mit 500 mm WS gegenüber 60 mm WS für Stadtgas erheblich höher, und andererseits ist der Heizwert von Flüssiggas mit durchschnittlich 24000 kcal/m^3 gegenüber Stadtgas mit rund 4000 kcal/m^3 etwa sechsmal so hoch, so daß aus Undichtigkeiten austretende Gasmengen sowohl durch den höheren Druck als auch durch die höhere Konzentration an Wärmeenergie eine größere Gefahrenquelle darstellen.

Aus diesem Grunde werden an Ventile in Leitungen für Flüssiggas besondere Anforderungen gestellt. Stopfbüchsendichtungen sind nicht zulässig. Die Bewegung des Ventils muß über eine absolut dichte Membrane geschehen. Sämtliche Anschlüsse müssen als Schneidringverschraubungen ausgeführt sein. Jegliche Abdichtung in einem Gewinde ist unzulässig. Bestrebungen gehen dahin, für Flüssiggas Kükenhähne an den Geräten abzuschaffen und durch als Ventil ausgebildete Absperr- und Regelorgane zu ersetzen.

Eine große Rolle beim Einsatz von Flüssiggas in Flaschen spielt in Deutschland der Sicherheitsauslaß an der Flasche für den Fall einer Drucksteigerung durch Wärmeeinfluß von außen. Während im Ausland solche Sicherheitsauslässe innerhalb bewohnter Gebäude völlig verboten sind bzw. einen Anschluß nach außen haben müssen, ging die vielumstrittene Berstscheibe am Flaschenventil in Deutschland die frühestens beim doppelten Prüfdruck der Flasche ansprechen durfte, auf eine Forderung der Feuerwehr zurück. Im Brandfall sollte die Gefahr des Zerplatzens einer Flasche infolge Überhitzung des Inhaltes durch vorheriges Platzen bzw. Losschmelzen der Berstscheibe verhindert werden. Federbelastete Überdruckventile an Haushaltsflaschen, die im Falle der Bildung eines Überdrucks von 40 ± 10 atü nur so lange Gas aus der Flasche austreten lassen, bis der Druck wieder auf 25 atü gefallen ist, haben sich bereits in der Praxis gut bewährt und haben heute die Berstscheibe abgelöst.

Verordnungen, Richtlinien und Leitsätze für Flüssiggas

I.

1. Druckgasverordnung
enthaltend die Polizeiverordnung über die ortsbeweglichen Behälter. Ausgabe 1956. Carl Heymanns Verlag, Köln-Berlin. Beuth-Vertrieb G.m.b.H., Berlin-Köln-Frankfurt (Main).
2. Richtlinien für die Sicherheit bei der Verwendung von Propan und Butan in privaten Haushaltungen und in Gaststätten jeder Art
Carl Heymanns Verlag K.G., Köln. Ausgabe 1951 (z.Z. in Überarbeitung).
3. Technische Richtlinien für die Einrichtung und Unterhaltung von Flüssiggasanlagen in Gebäuden und Grundstücken, TRF 1954
Herausgeber: Deutscher Verein von Gas- und Wasserfachmännern, Verband der Flüssiggas-Großvertriebe e.V. (VFG). Verlag: ZfGW-Verlag, Frankfurt (Main), Zeppelinallee 38. Ausgabe 1954.
4. Unfallverhütungsvorschrift VBG 61, 62:
Verdichtete, verflüssigte oder unter Druck gelöste Gase
Hauptverband der gewerblichen Berufsgenossenschaften, Carl Heymanns Verlag K.G., Köln.
5. Sicherheitstechnische Richtlinien für die Lagerung von Behältern für Propan und Butan
Anhang der Druckgasverordnung (siebe oben).
6. Vorläufige sicherheitstechnische Vorschriften für die Füllung von Fahrzeugbehältern für verflüssigte Gase auf Schienenfahrzeugen (Eisenbahnkesselwagen) und auf Straßenfahrzeugen
Anhang der Druckgasverordnung (siebe oben.).
7. Betriebsvorschriften für die Füllung und Behandlung von Treibgasflaschen auf den Abfüllstellen
Anhang der Druckgasverordnung (siehe oben).
8. Richtlinien für die Instandsetzung von beschädigten Flaschen für verdichtete, verflüssigte und unter Druck gelöste Gase
Anhang der Druckgasverordnung (siehe oben).
9. Leitsätze für die Herstellung und Einrichtung von flüssiggasbeheizten Räucheranlagen und deren Bauteile in Fleischereibetrieben
Zeitschrift „Flüssiggas-Dienst", Heft 8/1959.
10. Vorläufige Regeln für Abnahmeversuche an Spaltanlagen mit den Berechnungsgrundlagen einer Gewährleistungszahl
DVGW-Arbeitsblatt G 211.
11. Richtlinien für Bau und Einrichtung von Flüssiggasanlagen zu Haushaltszwecken auf Wasserfahrzeugen und schwimmenden Geräten in der Binnenschiffahrt (Baurichtlinie) als Anhang zur TRF 1954
Verband der Flüssiggas-Großvertriebe e.V., München 2, Brienner Straße 13.
12. Richtlinie für die Verwendung von Flüssiggas zu Haushaltszwecken auf Wasserfahrzeugen und schwimmenden Geräten in der Binnenschiffahrt (Verwendungsrichtlinie)

Binnenschiffahrts-Berufsgenossenschaft, Duisburg, Düsseldorfer Straße 193, Bestell-Nr. R 4/1960.

13. Merkblatt über die Prüfung und Zulassung von Flüssiggasverbrauchsgeräten auf Wasserfahrzeugen und schwimmenden Geräten in der Binnenschiffahrt
Binnenschiffahrts-Berufsgenossenschaft, Duisburg, Düsseldorfer Straße 193, Bestell-Nr. M 8/1960.

14. Vorläufige Richtlinien 8152 über den Einbau von Prpoangasanlagen an Bord von Seeschiffen
See-Berufsgenossenschaft, Hamburg 11, Zippelhaus 5, Seehaus.

15. Richtlinien für den Bau und den Einbau von Flüssiggasanlagen zu Haushaltszwecken auf Yachten
Germanischer Lloyd, Hamburg, Neuer Wall 86

16. Vorläufige Leitsätze für die Installation für Flüssiggasanlagen in Wohnwagen
Zeitschrift „Flüssiggas-Dienst", Heft 1, Januar 1957.

17. Richtlinien für Bau und Betrieb von Verdampfern für Flüssiggasanlagen
Zeitschrift „Flüssiggas-Dienst", Heft 10, Oktober 1960, Seite 226.

18. Leitsätze für Bau, Aufstellung und Betrieb von flüssiggasbeheizten Teeröfen und Schmelzöfen für Vergußmassen

19. Flüssiggas-Richtlinien der Deutschen Bundesbahn (DB)
Aufgestellt vom Bundesbahn-Zentralamt Minden (Westf.) Dez. 27 A (genehmigt durch HVB-Verf. 24.243 Was. 57 vom 20. 12. 1957).

20. Richtlinien für Sicherheitsabstände der Flüssiggaslager und -füllanlagen von Eisenbahngleisen
Aufgestellt vom Bundesbahn-Zentralamt Minden (Westf.).

21. Verordnung über Garagen und Einstellplätze (Reichsgaragenordnung – RGaO) vom 17. 2. 1939.

22. Ratschläge für den unfallsicheren Umgang mit Propan und Butan auf Baustellen
Zeitschrift „Flüssiggas-Dienst" Heft Nr. 11, 1960, Seite 259.

23. Sicherheitsregeln für die Verwendung von Flüssiggas in Schiffsräumen bei Herstellung und Instandsetzung von Schiffen auf Werften, am Kai oder im Dock
Der Bundesminister für Arbeit und Sozialordnung, III 64/966/61.

24. „Richtlinien für die Abnahme von Kraftfahrzeugen mit Antrieb durch Flüssiggas" (Propan, Butan u. ä.)
herausgegeben vom Länderfachausschuß, Kraftfahrzeugverkehr, Flensburg, Swinemünder Straße 28
Vertrieb: Bertelsmann-Verlag, Bielefeld.

25. Merkblatt für Flüssiggas
herausgegeben von der Berufsgenossenschaft für Straßen-, Privat- und Kleinbahnen, Hamburg 36, Fontenay 1a, Ausgabe 1961, Jn.

26. Unfallverhütungsvorschrift VBG 17, 18, 19:
Druckbehälter
Hauptverband der gewerblichen Berufsgenossenschaften
Carl Heymanns Verlag K.G., Köln.

27. AD-Merkblätter
enthaltend die von der „Arbeitsgemeinschaft Druckbehälter" (AD) aufgestellten Richtlinien für Werkstoff, Herstellung, Berechnung und Ausrüstung von Druckbehältern
Vereinigung der Technischen Überwachungsvereine e.V., Essen, Huyssenallee 54/56.

II. Normen für Flüssiggas, Flüssiggasarmaturen und -geräte

Prüfung von Flüssiggas

DIN 51610	Probenahme
DIN 51611	Bestimmung der Zusammensetzung (Siedeanalyse)
DIN 51612	Bestimmung des Heizwertes
DIN 51613	Bestimmung des Elementarschwefels
DIN 51614	Bestimmung des Öl- und Harzgehaltes, Prüfung auf Ammoniak, Wasser und Lauge
DIN 51615	Bestimmung des Kohlenoxysulfid-Gehaltes und Prüfung auf Schwefelwasserstoff
DIN 51616	Bestimmung des Dampfdruckes
DIN 51617	Bestimmung des Gesamtschwefels

Spezifikationen von Flüssiggas

DIN 51621	Flüssiggas-Anforderungen an die Qualität
DIN 51622	Propan, Propylen, Butan und Butylen (Anforderungen an die Qualität)

Flüssiggasbehälter

DIN 4660	Druckgasbehälter, Flaschen, Fässer, Fahrzeugbehälter, Durchmesser
DIN 4661	Geschweißte Stahlflaschenbehälter für Propan und Butan, 1 bis 11 kg Füllung
DIN 4662	Geschweißte Stahlflaschen für Propan und Butan, 22 bis 33 kg Füllung
DIN 4667	Stahlflaschen, Schutzkappen (Blatt 1)
DIN 4668	Halsringe für geschweißte Stahlflaschen (Blatt 2)
DIN 4669	Stahlflaschen, Füße ohne Rollschutz (Blatt 2)
DIN 4671	Gasflaschen, Kennzeichnung
DIN 4675	Flaschenschild, Schildrahmen, Plombenniet

Flüssiggasarmaturen, Anschlüsse, Leitungen

DIN 477	Gasflaschenventile und -anschlüsse (Bauformen, Baumaße)
DIN 4672	Verschlußmuttern, Gewindeschutzkappen (für Gasflaschenventile)
DIN 4674	Handräder (für Gasflaschenventile)
DIN 4676	Anschlüsse für Fahrzeugbehälter und Fässer für verdichtete und verflüssigte Gase
DIN 4813	Gewindeanschluß für Propan und Butanstahlflaschen bis 14 kg Höchstfüllung
Vornorm 4814	Blatt 1: Propan/Butan-Anlagen für Koch-, Heiz- und Beleuchtungszwecke innerhalb und außerhalb von Gebäuden. Übersicht, Aufstellung Blatt 2: Druckregler, Schläuche, Ventile, Rohre Blatt 3: Richtlinien für die Prüfung der Druckregler
DIN 4815	Schäuche für Propan/Butan
DIN 4816	Anschlüsse für Propanlötgeräte
DIN 8542	Schlauchanschluß und Schlauchverbindung für Gasschweißgeräte
DIN 8546	Druckminderer für Gasflaschen für Gasschweißgeräte
DIN 8547	Druckmindereranschlüsse für Gasflaschen für Gasschweißgeräte, Anschlußmaße
DIN 8549	Betriebs-Manometer mit Rohrfeder für Gasschweißgeräte Anschluß radial nach unten, ohne Befestigungsrand; Zeigeranordnung zentrisch, 50, 63 und 100 mm Gehäusedurchmesser

Flüssiggasgeräte, Sicherungen

DIN 3258	Zündsicherungen für Gasgeräte und -feuerstätten (Begriffe, Bau, Güte. Leistung und Prüfung)
DIN 3365	Heizöfen für Propan/Butan (Begriffe, Bau, Güte, Leistung und Prüfung)
DIN 3366	Haushaltsherde, -backöfen und Kocher für Propan/Butan (Begriffe, Bau, Güte, Leistung und Prüfung)
DIN 3369	Durchlauf-Gaswasserheizer für Propan/Butan (Begriffe, Bau, Güte, Leistung und Prüfung).

B. Anwendung der Flüssiggase

1. Lagerung, Abfüllung und Transport

Auf Grund seines, verglichen mit anderen Flüssigkeiten, hohen Dampfdruckes muß Flüssiggas in druckfesten Tanks gelagert werden. Die Druckfestigkeit dieser Lagerbehälter muß so bemessen sein, daß er allen vorkommenden Drücken standhält. Als Prüfdruck ist 25 atü vorgeschrieben. Dieser Druck entspricht für Propan einer Temperatur von 70 °C und für Butan einer Temperatur von 127 °C, liegt also erheblich über praktisch vorkommenden Verhältnissen. Ein Schutz gegen ungehinderte Sonneneinstrahlung ist unbedingt vorzusehen. Meistens ist über dem Lagertank noch eine Berieselungsvorrichtung angebracht, die jedoch überwiegend die Aufgabe hat, die Temperatur und damit den Druck im Lagertank so zu halten, daß dieser dem herrschenden Druck im anliefernden Kesselwagen angeglichen wird und somit Pumpschwierigkeiten vermieden werden. Der Behälter muß mit einem Überdruckventil versehen sein. Für ausreichende Belüftung und Abflußmöglichkeit eventuell austretender Gasmengen ist Sorge zu tragen. Damit scheidet jede Aufstellung in Kellern oder tiefer gelegenen Lagerräumen aus. Der jeweilige Inhalt des Lagerbehälters kann an einem Schauglas abgelesen werden. Im Ausland werden häufig zur Ermittlung des Tankinhaltes oben auf dem Behälter angebrachte verschiebbare Peilrohre verwendet. Sobald das Peilrohr bei der Verschiebung nach unten den Flüssigkeitsspiegel erreicht, tritt schnell verdampfende Flüssigkeit außen aus dem Peilrohr aus.

Häufig findet man auch für die Inhaltspeilung Rohrregister, d.h. eine Anzahl unterschiedlich tief in den Tank hineinragende Rohre mit je einem eigenen Ablaßventil. Durch Öffnen dieser Ventile nacheinander läßt sich feststellen, in welcher Höhe etwa der Flüssigkeitsstand sich befindet.

Lagertanks für Flüssiggas sind Druckbehälter und unterliegen somit einer behördlichen Meldepflicht und Überwachung.

Der Transport größerer Flüssiggasmengen geschieht in Eisenbahnkesselwagen mit einem Füllgewicht von 20 bis 40 t. Füll- und Entnahmestutzen an solchen Gaskesselwagen sind zur Gewährleistung der Dichtheit mit zwei hintereinandergeschalteten Ventilen versehen. Zur Verhinderung übermäßiger Erwärmung durch Sonnenstrahlung muß über dem oberen Teil eine Blechabdeckung, eine sog. Blechschürze, angebracht sein.

Transport und Lagerung kleinerer Mengen erfolgt in Druckflaschen. Diese Druckflaschen unterliegen einer strengen behördlichen Aufsicht, die bereits bei der Flaschenherstellung beginnt. Die Stahlqualität, die Schweißverfahren und die Wandstärke sind genau vorgeschrieben. Außerdem besteht die Vorschrift, daß alle Flüssiggasflaschen in festgelegten Zeitabständen überprüft werden. Der Prüfdruck beträgt ebenfalls 25 atü. Für Flaschen wird eine Wiederholungsprüfung nach jeweils 10 Jahren verlangt. Das letzte Prüfdatum muß auf dem Flaschenschild eingeschlagen werden. Auf diesem Flaschenschild, das fest auf jeder Flasche befestigt ist, muß außerdem Tara und Füllgewicht angegeben sein.

In der Tab. 10 sind die wichtigsten Angaben über die gebräuchlichen Flaschen und Fässer für Propan enthalten.

Die auf den Flaschen angebrachten Ventile dienen zur Befüllung und Entnahme. Die drei grundsätzlichen Ventilausführungen sind in Abb. 8 dargestellt. Die Ausführung a wird in zwei verschiedenen Größen verwendet, und zwar das „kleine Ventil“ für Flaschen bis 14 kg Füllgewicht und das „große Ventil“ für Flaschen mit über 14 kg Füllgewicht. Ferner unterscheiden sich das große und kleine Ventil noch durch die Anschluß-

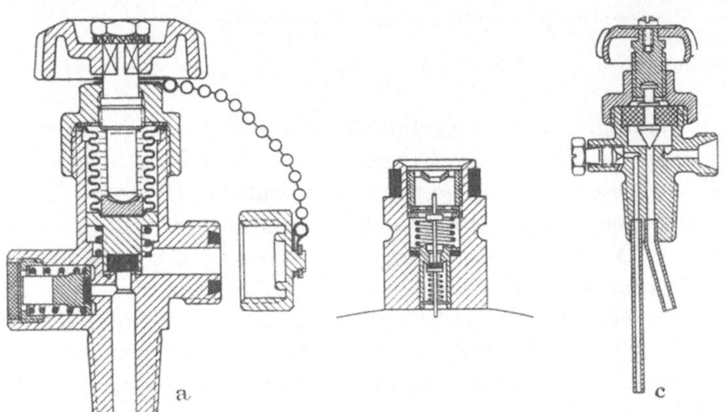

Abb. 8a–c. Flaschenventil für Flüssiggas

dichtung am Entnahmestutzen. Dieser ist beim kleinen Ventil gemäß Abb. 8a ausgebildet. Zum Anschluß daran ist der Druckregler so ausgebaut, daß er auf der Weichdichtung ohne Benutzung von Werkzeugen

Tabelle 10

	Flaschen							
kg Füllung	0,425	3	5	11	15	22	33	46
kg Tara	1,9	4,6	6,3	13,3	22,5	30	36	53
Liter Volumen	1	7,1	11,75	27,2	36	52	79	108
Prüfdruck atü	225	25	25	25	25	25	25	25
Außendurchm. mm	84	204	204	300	229	267	318	318
Gesamtlänge mm	320	420	565	600	1205	1220	1300	1720
Brutto-Gew./ kg Füllung	5,47	2,53	2,26	2,20	2,5	2,36	2,09	2,15

	Fässer				
kg Füllung	100	200	300	400	1000
kg Tara	115	185	240	310	1100
Liter Volumen	235	480	705	940	2350
Prüfdruck atü	30	30	30	30	25
Außendurchm. mm	600	700	700	800	1200
Gesamtlänge mm	1000	1500	2100	2200	2350
Brutto-Gew./ kg Füllung	2,15	1,92	1,80	1,77	2,1

mit einer handlichen Überwurfmutter angeschlossen werden kann. Bei dem großen Ventil für Flaschen mit über 14 kg Füllgewicht fehlt am Entnahmestutzen die eingelassene Weichdichtung. Hier wird der Druckregler mit einer entsprechenden Sechskantüberwurfmutter und einer eingelegten Weichmetalldichtung angeschlossen. Der Anschlußstutzen für den Druckregler hat in beiden Fällen Linksgewinde.

Abb. 8a zeigt gleichzeitig fest eingebaut das bereits unter Abschn. A 5 behandelte Überdruckventil, das seit 1964 die viel umstrittene Berstscheibe abgelöst hat. Damit die alten Ventile mit Berstscheiben weiter benutzt werden können, wurde ein einschraubbbares Sicherheitsventil entwickelt, das anstelle der Berstscheibenhalterung eingeschraubt werden kann. Dieses ist in Abb. 9 dargestellt.

Bei der Entwicklung dieses Sicherheitsventils kam es darauf an, es so gedrungen auszuführen, daß es ungehindert unter die Flaschenkappe paßt.

Bei Fig. 8b handelt es sich um eine Sonderkonstruktion eines Flaschenventils. Dieses Ventil wird mittels eines Stiftes bestätigt und dient gleichzeitig als Regelorgan des Druckreglers. Durch einen einfachen Schnappanschluß wird ein Membransystem auf dem Ventil befestigt, das dann im Verein mit dem Ventil das Druckregelsystem darstellt. Dieses nach dem Erfinder benannte „Rackow-System" erfreut sich infolge seiner Einfachheit in der Handhabung weitester Beliebtheit. Das Ventil kann in den Flaschenhals eingeschraubt oder direkt auf der Flasche aufgeschweißt werden und enthält bereits in seinem Innern ein Überdruckventil.

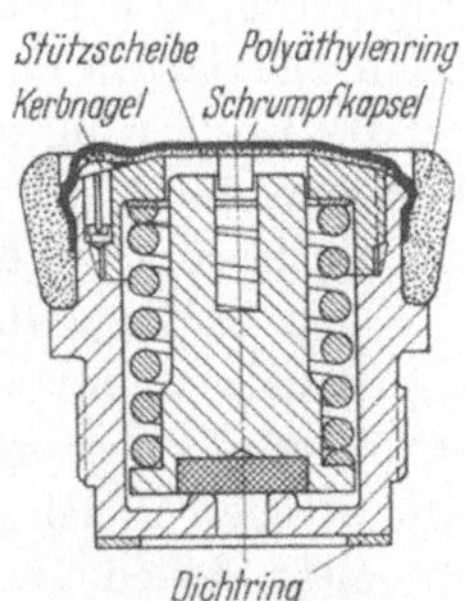

Abb. 9. Einschraubbares Sicherheitsventil zum Austausch gegen die Berstscheibe

Fig. 8c zeigt ein Ventil für die Kleinstflasche für 425 g Füllung. Diese Kleinstflaschen, die zur Verwendung im Handwerk sehr verbreitet sind, müssen im Handwerksbetrieb gefüllt werden können. Dieses geschieht einfach dadurch, daß man Flüssiggas aus einer über Kopf aufgestellten oder aufgehängten größeren Flasche in die kleine Flasche überfließen läßt. Zur Beschleunigung dieses Füllvorganges wird die mit dem langen in die Flasche hineinragenden Tauchrohr verbundene Entlüftungsschraube geöffnet. Sobald der Flüssigkeitsspiegel dieses Tauchrohr erreicht hat, tritt deutlich sichtbar Flüssigkeit aus der Entlüftungsschraube aus, womit die Befüllung beendet ist. Hierdurch wird gleichzeitig eine Überfüllung mit Sicherheit verhindert. An diese Kleinstflaschen werden häufig die Verbrauchsgeräte direkt ohne Zwischenschaltung eines Druckreglers angeschlossen.

Die *Befüllung von Flüssiggasflaschen* auf Füllstellen unterliegt einer strengen Aufsicht. Der Füllvorgang ist äußerst einfach, da lediglich eine mehrstufige Kreiselpumpe die Flüssigkeit aus einem Lagertank mit einem gewissen Überdruck, der nur zur Beschleunigung dient, in die zu befüllende Flasche fördert. Um das Füllgewicht, das auf dem Flaschenschild angegeben ist, genau einzuhalten, muß die zu befüllende Flasche wärend des Füllvorganges auf einer Waage stehen, auf der vorher die ebenfalls auf dem Flaschenschild angebenen Tara eingestellt werden. Eine vorgeschriebene Kontrollwägung auf einer zweiten Waage muß ein Bruttogewicht der gefüllten Flasche einschließlich Ventilkappe und Flaschenkappe ausweisen, das keinesfalls die Summe aus Tara plus Füllgewicht überschreiten darf. Bereits geringe Überfüllungen, besonders bei den kleinen Haushaltsflaschen können schwerste Explosionen zur Folge haben. Während der Füllvorgang von Flaschen, wie erwähnt, einfach dadurch geschieht, daß das Flüssiggas vom Lagerbehälter in die Flasche hineingedrückt wird, ist dieses Verfahren beim Befüllen großer Lagerbehälter aus Kesselwagen zu zeitraubend.

Auch treten hier Probleme auf im Zusammenhang mit der Tatsache, daß Flüssiggase siedende Flüssigkeiten sind, die bei Unterdruckbildungen oder Temperaturerhöhungen zu Dampfbildungen führen, wodurch ein Pumpvorgang behindert wird. Wegen der Gefahr der Bildung explosiver Gemische darf in Flüssiggasbehälter keine Luft eindringen. Deshalb muß bei der Entleerung von Tank- bzw. Kesselwagen das austretende flüssige Volumen durch ein gleich großes Gasvolumen ersetzt werden. Während der Entleerung muß also ein Teil des Produktes im Behälter von der flüssigen in die gasförmige Phase übergehen, d.h. verdampfen, so daß der Behälterraum über dem Flüssigkeitsniveau ständig gasgefüllt ist. Die flüssige Phase und die Gasphase sind miteinander im Gleichgewicht oder streben Gleichgewicht an. Zu jeder Siedetemperatur gehört ein bestimmter Siededruck. Bei Entnahme sinkt der Druck. Das Produkt siedet also und entnimmt die benötigte Verdampfungswärme zunächst aus sich selbst. Die flüssige Phase wird kälter (Abb. 10). So bildet sich ein Temperaturunterschied zwischen dem Tankinnern und seiner Umgebung, der wieder durch Wärmeaufnahme der Flüssigphase von außen ausgeglichen werden muß.

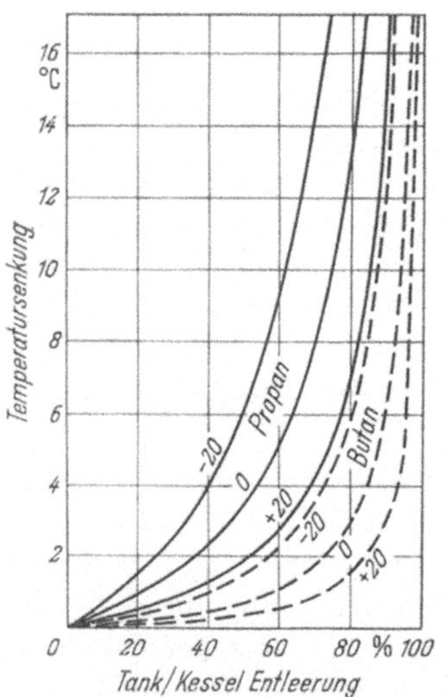

Abb. 10. Temperatursenkung von Butan und Propan bei verschiedenen Ausgangstemperaturen während eines Entleerungsvorgangs

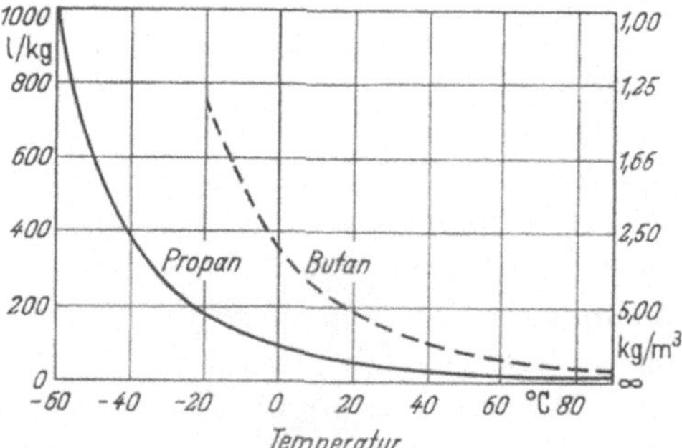

Abb. 11. Spezifisches Volumen von Butan und Propan bei Siedetemperatur

Propan zeigt einen größeren Temperaturabfall als Butan. Auch ist der Temperaturabfall bei höheren Ausgangstemperaturen relativ größer als bei niedrigeren. Das liegt an den unterschiedlichen spezifischen Volumen von Propan und Butan bei den jeweiligen Siedetemperaturen und -drücken. Aus Abb. 11 ergibt sich, daß z.B. bei 0 °C zur Erzeugung von 1 m³ Propandampf etwa 10 kg flüssiges Propan verdampft werden muß; bei Butan dagegen nur 2,6 kg.

Daraus folgert, daß, je niedriger Temperatur bzw. Druck, destogrößer das Volumen ist, das durch ein Kilogramm verdampfte Flüssigkeit eingenommen wird. Damit ergibt sich:

1. Um ein bestimmtes Volumen auszufüllen, ist bei niedriger Temperatur weniger Flüssigkeit (kg) zu verdampfen, als bei höherer.

2. Dampfblasen (in der Saugleitung) nehmen bei niedrigen Temperaturen ein größeres Volumen ein als bei höheren.

3. Je höher die Ausgangstemperaturen, desto mehr muß verdampft werden, um das gegebene Volumen zu erfüllen, d.h. also, daß im Sommer zur Erzeugung gleicher Gasmengen mehr Wärme erforderlich ist als im Winter.

4. Dieser Temperaturunterschied macht sich in der Saugleitung nachteilig bemerkbar, weil hier durch das ungünstige Oberflächen-Inhalts-Verhältnis (relativ große Oberfläche bei relativ kleinem Inhalt) die Verdampfung noch stärker sein kann als im Kessel selbst. Dampfblasenbildung in der Saugleitung ist jedoch unerwünscht, weil damit die Leistung der Förderpumpe vermindert wird.

Allgemeine Folgerungen aus 1 bis 4:

Flüssiggaslagerbehälter sollen nicht isoliert werden, Saugleitungen dagegen werden am besten isoliert oder sogar gekühlt. Die Wandung der Saugleitung darf nicht wärmer werden als der Behälter (Abb. 12).

Auch bei richtiger Auslegung einer Anlage läßt sich nur soviel Flüssigphase fördern, wie volumenmäßig durch Gasphase in gleicher Zeit ersetzt werden kann; die Verdampfungsgeschwindigkeit der Flüssigphase im Behälter ist aber eine Funktion der Temperaturdifferenz zwischen innen und außen. Der Entnahmemenge sind in der Praxis folglich Grenzen gesetzt, weil mit sinkender Temperatur im Behälter auch die Temperatur in der Saugleitung fällt. Unterschreitet sie die Wandungstemperatur, so tritt in der Saugleitung Dampfblasenbildung auf und die Förderung fällt stark ab.

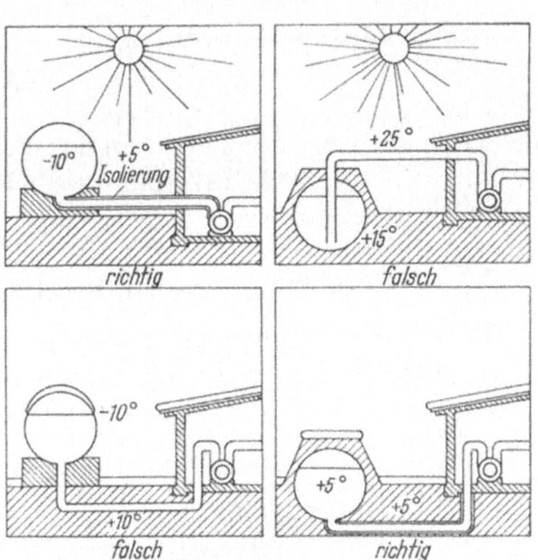

Abb. 12. Richtige und falsche Ausführung der Saugleitung

Die Entnahme kann vergrößert werden durch:

1. Erhöhung der Temperatur um den Behälter, ohne die Saugleitung zu erwärmen,
2. Kühlen der Saugleitung,
3. Gaszufuhr von außerhalb.

Abb. 12 läßt erkennen, daß unter gewissen Umständen falsch ausgelegte Anlagen gut funktionieren können; haben wir z. B. im Bild oben rechts statt des Sonnenscheins Frost, so wird die Saugleitung gekühlt und die Anlage arbeitet einwandrei. Das gleiche trifft zu im Bild unten links, wenn es nicht kalt, sondern warm ist.

Praktische Möglichkeiten

Die angedeuteten Probleme können einfach gelöst werden, wenn die Gasvolumina, die die entnommenen Flüssigvolumina ersetzen müssen, dem Behälter von außen zugeführt werden. Damit erübrigt sich eine Flüssigkeitsverdampfung im Behälter, die Temperatur der Flüssigphase sinkt nicht, und es kommt nicht zu Dampfblasenbildung in der Entnahmeleitung, wenn der Druckabfall (Leitungswiderstand, Steigung) klein ist.

a) Entleerung mit Pendelleitung

Wenn von einem Behälter (Kesselwagen) in einen anderen (Lagertank) gefördert wird, kann man die aus dem empfangenden Behälter ver-

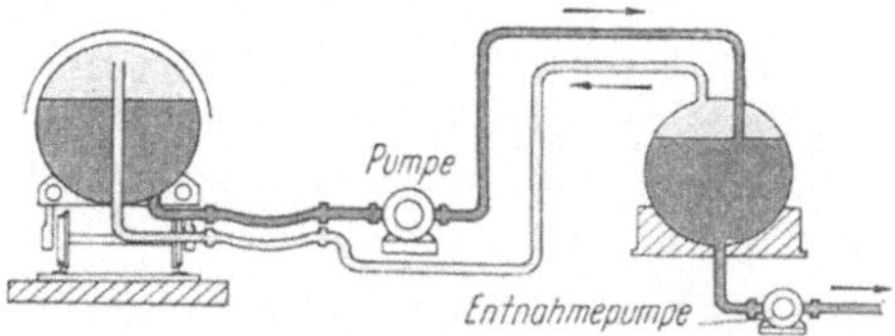

Abb. 13. Entleerung mit Pendelleitung

drängte Gasmenge benutzen, um den Volumenbedarf im abgebenden Behälter zu decken (Abb. 13). Man verwendet dann eine sog. Gaspendel- oder Druckausgleichleitung.

b) Entleerung mit beheizter Überlisterleitung

Eine andere Möglichkeit bietet die sog. Überlisterleitung. Dabei wird hinter der Förderpumpe ein Teilstrom in der Größe der zu verdampfen-

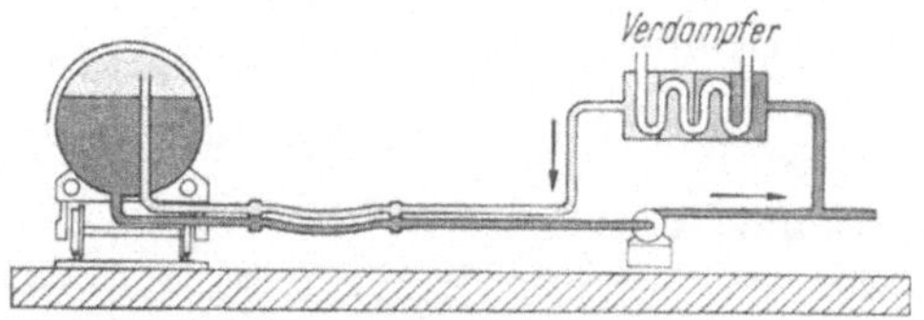

Abb. 14. Entleerung mit beheizter Überlisterleitung

den Flüssigkeitsmenge abgezweigt und durch einen Verdampfer geleitet (Abb. 14). Das dampfförmige Flüssiggas wird in die Gasphase des Kesselwagens geleitet. Eine Überlisterleitung ohne Verdampfer ist praktisch wirkungslos. Durch Steigerung der zurückgeführten Gasmenge kann zusätzlich Druck im Kesselwagen erzeugt und damit Saugleitungswiderstände überwunden werden.

c) Entleerung mittels Kompressors in der Gasphasenleitung

Es ist in der Praxis nicht immer möglich, eine kurze Saugleitung anzuordnen. In solchen Fällen wird unter Umständen eine Entleerung mit Hilfe eines Kompressors anstatt einer Saugpumpe bevorzugt (Abb. 15). Hierbei wird Gas auf den zu entleerenden Behälter gedrückt und die Entleerung beschleunigt. Theoretisch könnte als Druckmedium Gas, entweder Flüssiggas in Gasphase oder Fremdgas, verwendet werden. Stadtgas z.B. hätte den Vorteil, daß es sich bei den vorliegenden Drücken nicht verflüssigt. Damit wären aber Druck und Temperatur nicht mehr in dem vorher beschriebenen Sinne voneinander abhängig, und es müßte ein Sicherheitsventil vorgesehen werden.

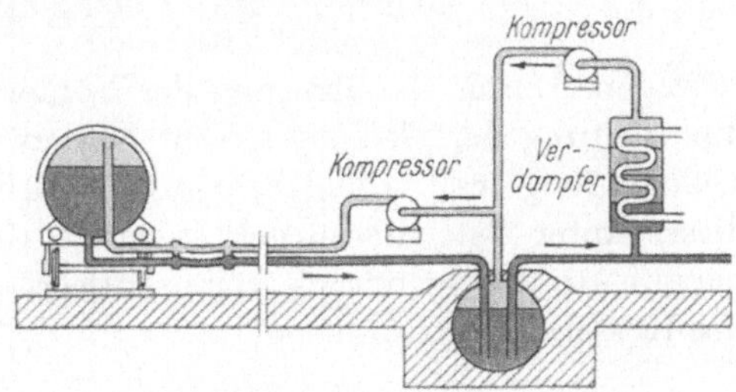

Abb. 15. Entleerung mittels Kompressors in der Gasphasenleitung

Lagerbehälter sind grundsätzlich mit zwei Sicherheitsventilen auszurüsten, Straßentankwagen, Kesselwagen und Transportbehälter jedoch nicht. Sie dürfen deshalb nicht mit Hilfe von Fremdgas entleert werden.

Eine Gaspendelleitung darf zwischen einem Lagerbehälter mit Fremdgaspolster und einem der oben erwähnten Behälter nicht verwendet werden (Abb. 16). Es muß mit Hilfe einer beheizten Überlisterleitung und Pumpe entleert werden (Abb. 14). Bei Verwendung von Stadtgas als Polster muß damit gerechnet werden, daß sich z.B. bei 10 atü in 1 l Flüssiggas (Flüssigphase) 2 bis 4 l Stadtgas lösen können. Eine exakte Mengenmessung in Flüssigphase ist also in einem solchen Fall nicht mehr möglich, da das Gas im System wieder frei wird.

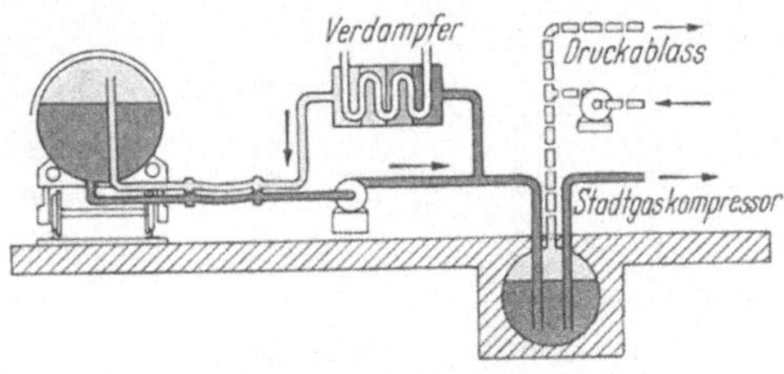

Abb. 16. Lagerung unter „Fremdgasdruckpolster"

Liegt kein Fremdgaspolster auf dem Flüssiggas im Lagertank, so kann ein Kesselwagen mit Hilfe des Kompressors in der Pendelleitung entleert werden (Abb. 13). Zur Entnahme aus dem Lagertank kann im Prinzip ebenfalls mit Hilfe eines Kompressors Entnahmedruck erzeugt werden. Die Gasphase muß aus einem Verdampfer entnommen werden (Abb. 15).

Ist die Flüssigkeit im Kesselwagen erschöpft, so endet damit die Förderwirkung der Kreiselpumpe, die nicht in der Lage ist, gasförmige Medien zu fördern. Damit verbleibt im Kesselwagen ein Restinhalt, der sich aus dem Produkt seines Volumens, des Sättigungsdruckes und des Raumgewichts des Gases ergibt. Bei einer Außentemperatur von beispielsweise 15 °C würde für Propan dieser Restinhalt in einem 40-m³-Kesselwagen

$$40\ \mathrm{m}^3 \cdot 7{,}4\ \mathrm{ata} \cdot 1{,}96\ \mathrm{kg/m}^3 = 570{,}16\ \mathrm{kg}$$

betragen. Durch Umschaltung der Förderrichtung eines in die Verbindungsleitung der Gasräume vom Kesselwagen und Lagertank zur Beschleunigung des Umfüllvorganges eingeschalteten Gaskompressors kann dieses unter Sättigungsdruck stehende Gasvolumen durch Absaugung bis auf Atmosphärendruck weiter entleert werden, so daß der Restinhalt des Kesselwagens nur noch

$$40\mathrm{m}^3 \cdot 1\ \mathrm{ata} \cdot 1{,}96\ \mathrm{kg/m}^3 = 78{,}4\ \mathrm{kg}$$

beträgt. Hiermit ergäbe sich für den vorliegenden Fall eine Transportersparnis von 570,16 – 78,4 = 491,76 kg Propan.

Eine interessante Möglichkeit der Entleerung von Flüssiggastanks wurde in der Erkenntnis, daß Flüssigkeiten im Siedestadium nicht unter Unterdruck gesetzt werden dürfen, sondern eine ausreichende Zulaufhöhe zur Entnahmepumpe haben müssen, von der Shell für das Lenzen von Schiffstanks entwikkelt. Bei diesem „Vapor-Lift-System" (Abb. 17) wird von einem an Deck aufgestellten Kompressor ein Unterdruck in einem „Separationsbehälter" erzeugt, wodurch mittels einer Steigeleitung ein Gemisch aus Gas und Flüssigkeit aus dem Lagertank angesaugt wird. Vom Separationsbehälter wird die Flüssigkeit zum Lagertank an Land abgepumpt. Das komprimierte Gas wird in einem Kondensator verflüssigt und geht entweder in den Bordbehälter zurück oder kann ebenfalls an Land abgegeben werden.

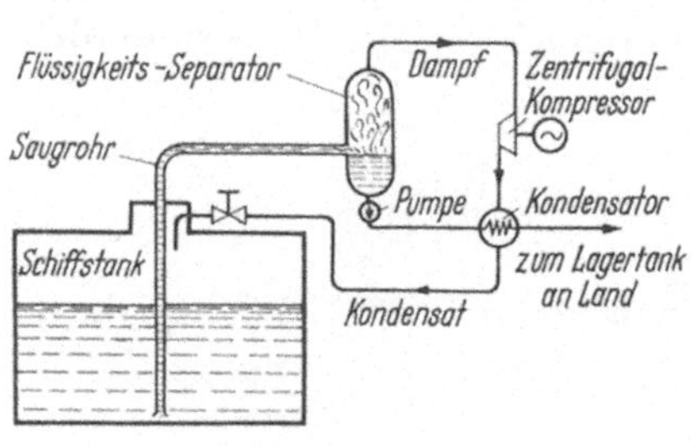

Abb. 17. Shell „Vapor-Lift-System"

Der *Transport von Flüssiggas* in Flaschen von der Füllanlage zum Verbraucher geschieht auf Lastkraftwagen. Auch hier ist, ebenso wie bei der Flaschenlagerung, für entsprechenden Schutz gegen Sonnenbestrahlung zu sorgen. Grundsätzlich sollten Flüssiggasflaschen bei der Lagerung und beim Transport stehen, damit das Überdruckventil im Bereich der Gasphase liegt.

2. Der Druckregler

Wie aus den Ausführungen über die physikalischen Eigenschaften von Flüssiggas unter 4a hervorgeht, muß infolge der Abhängigkeit des Dampfdruckes von der Temperatur mit einem wechselnden Druck in der Flasche gerechnet werden. Sämtliche Verbrauchsgeräte, sei es im Haushalt, in der Industrie oder beim Einsatz von Flüssiggas als Ottokraftstoff, erfordern jedoch einen konstanten Gasdruck. Dieser Gasdruck, der für Haushaltsgeräte in Deutschland einheitlich mit 500 mm WS = 0,05 atü festgelegt ist (im Ausland überwiegend 300 mm WS), muß mit Hilfe einer Regelvorrichtung konstant gehalten werden.

Die Konstanthaltung des Niederdrucks hinter einem solchen Druckregler ist für Haushaltsgeräte in den Deutschen Normen so festgelegt, daß er von 0,1 kg/h bis zur Nennleistung und einem Vordruck von 10 bis 0,5 kp/cm^2 einen Toleranzbereich von 525 ($\pm$ 50) mm WS nicht überschreitet.

Der grundsätzliche Aufbau eines Druckreglers für Haushaltsgeräte ist aus Abb. 18 ersichtlich. Eine vorgespannte Feder betätigt über eine Gummimembrane ein Ventilsystem so, daß in der Entnahmeleitung ein konstanter Druck eingeregelt wird. Wird dieser Gebrauchsdruck durch

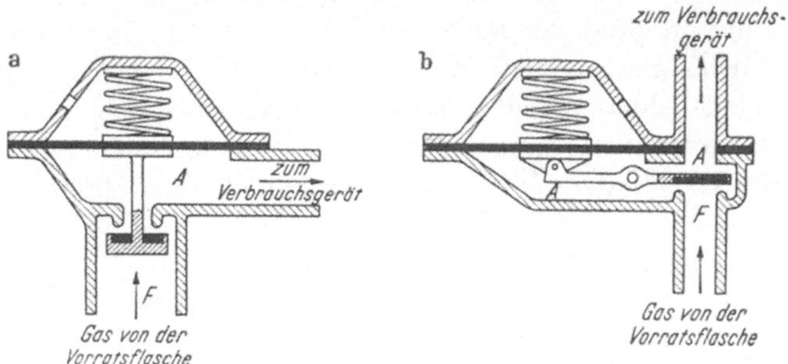

Abb. 18a u. b. Prinzipskizzen von Druckreglern

den Gasverbrauch des Gerätes abgebaut, so überwiegt wieder die auf die Gummimembrane wirkende Federkraft und öffnet dadurch das Ventil, durch das so lange Gas aus der Flasche in die Verbrauchsleitung nachströmt, bis das Ventil unter dem Einfluß des erreichten Druckes auf die federbelastete Membrane wieder geschlossen wird.

Dieser membrangesteuerte Regelvorgang kann an Hand von Fig. a und Fig. b in Abb. 18 leicht erkannt werden. Auf die Unterschiedlichkeit der beiden dargestellten Systeme wird noch eingegangen.

In dem mit F bezeichneten Raum herrscht der Flaschendruck, der auf den Gebrauchsdruck gemindert werden soll. Wäre sowohl der Flaschendruck als auch die Gasentnahme in der Zeiteinheit konstant, würde als Organ für die Druckminderung eine einfache Drosselbohrung ausreichen. Da der damit gelieferte Niederdruck jedoch mangels einer verbrauchsseitigen Steuerung mit dem Flaschendruck steigen und mit erhöhter Entnahme fallen würde, muß ein vom Niederdruck gesteuertes Ventil vorgesehen werden. Das Ventil wird durch die Membrane, die durch die Feder entsprechend vorgespannt ist, betätigt. Sobald der Gebrauchsdruck im Raum A, d.h. in der Leitung zum Verbrauchsgerät, auf das geforderte und durch die Federspannung diktierte Maß von 500 mm WS aufgefüllt ist, wird die Membrane gegen die Federkraft nach oben durchgewölbt. Hierdurch wird der gemäß Fig. a direkt mit der Membrane verbundene bzw. der gemäß Fig. b durch einen Hebel mit der Membranbewegung verbundene Ventilkörper auf seinen Verschlußsitz gedrückt und sperrt weitere Zufuhr aus der Flasche ab. Fällt der Gebrauchsdruck in A durch Gasverbrauch ab, so bekommt die Federkraft wieder Übergewicht, wölbt die Membrane nach unten durch und öffnet damit das Ventil zur Ergänzung des Gebrauchsdruckes aus der Vorratsflasche.

Der Unterschied der beiden in Fig. a und Fig. b dargestellten Systeme liegt in der Anordnung des Ventils. In Fig. a wirkt der Flaschendruck auf das Ventil schließend, d.h., es ergibt sich mit steigendem Flaschendruck ein gewisser Abfall in der Niederdruckleitung. In Fig. b wirkt der Flaschendruck in öffnender Richtung auf das Ventil. Hier wird also der Gebrauchsdruck mit steigendem Flaschendruck etwas ansteigen. Über diese Hochdruckabhängigkeit hinaus kann bei dem System gemäß Fig. b die Druckcharakteristik noch durch das Übersetzungsverhältnis des zweiarmigen Hebels, der die Membranbewegung auf das Ventil überträgt,

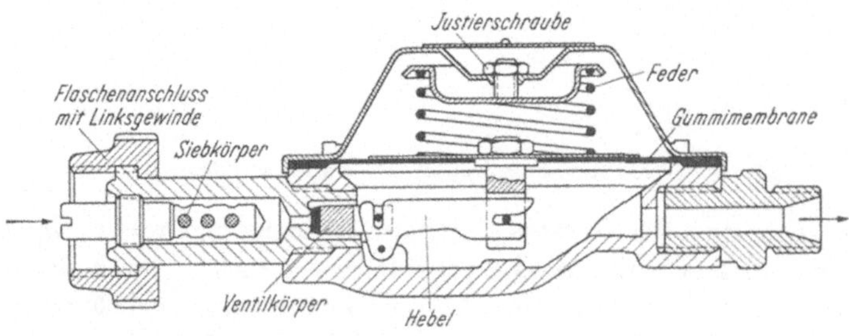

Abb. 19. Haushaltsdruckregler für Flüssiggas

beeinflußt werden. Hierdurch kann der Schließdruck des Ventils vervielfacht werden, wodurch sich der Einfluß des Flaschendrucks auf den Öffnungsvorgang des Ventils verringert.

Abb. 19 und 20 zeigen praktische Ausführungen von Haushaltsdruckreglern. In Abb. 19 ist die am häufigsten verwendete Standardform eines Druckreglers im Schnitt dargestellt, der zum Anschluß an ein Flaschenventil entsprechend Abb. 8, Fig. a, vorgesehen ist. Besonders auffallend ist die große Hebelübersetzung zwischen Membrane und Ventilkörper, durch die eine hohe Schließkraft des Ventils bewirkt wird.

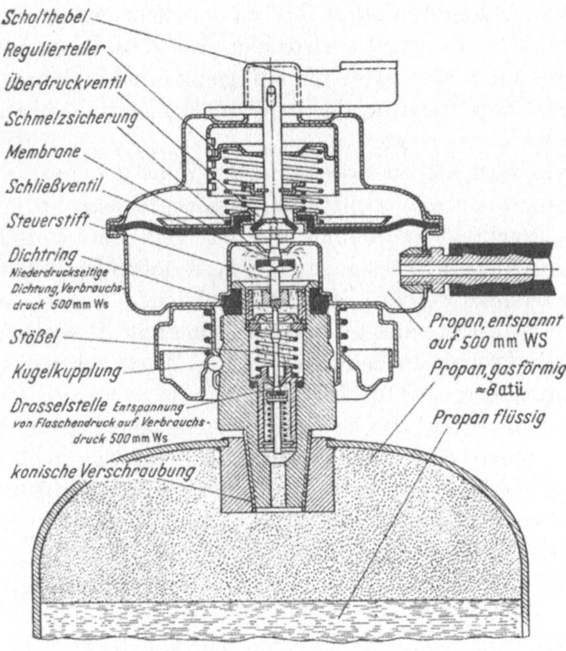

Abb. 20. Haushaltsdruckregler System „Rackow"

Die in Abb. 20 gezeigte Konstruktion eines Druckreglers entspricht dem Schema der Fig. a, Abb. 18. Hier ist eine Trennung zwischen dem Ventil- und dem Membransystem durch eine sinnreiche Klemmvorrichtung vorgesehen. Auf der Flasche befindet sich das Ventil gemäß Fig. b auf Abb. 8. Eine Hebelübersetzung fällt hier fort, dafür wird die Schließkraft des Ventils durch den Flaschendruck unterstützt. Ein Überdruckventil ist in dem an der Flasche direkt befestigten Ventil mit eingebaut. Auch diese Druckreglerkonstruktion hat sich in weitesten Kreisen eingeführt, ist jedoch nur für Flaschen bis 14 kg Füllgewicht zugelassen. Neuerdings wird statt der Kugelklemmvorrichtung auch ein Schraubanschluß hierfür gebaut.

Über diese Grundausführungen hinaus gibt es noch einige andere Spielarten in Druckmindererkonstruktionen, die jedoch keine grundsätzlichen Abweichungen von den vorerwähnten Ausführungen darstellen. Erwähnt sei nur noch eine im Handel befindliche Bauart, bei der auch die Trennung zwischen Ventil- und Membransystem und die Kugelklemmvorrichtung verwertet wurde. Zur Erzielung einer besonderen Konstanthaltung des Gebrauchsdrucks wird jedoch nur auf einen mittleren Druck von etwa 1 atü entspannt. Eine im gleichen Gehäuse miteingebaute zweite Stufe, die nach dem Prinzip gemäß Abb. 18 arbeitet, übernimmt diesen Mitteldruck und mindert ihn auf den geforderten Gebrauchsdruck von 500 mm WS. Einerseits wird hier die gute Konstanthaltung des Niederdrucks durch eine zweistufige Regelung und andererseits durch die gegenläufige Charakteristik der beiden Stufen in Abhängigkeit vom Flaschendruck ausgenutzt.

Erwähnenswert ist außerdem noch ein in der Autogentechnik gelegentlich angewandtes Ventilsystem, dessen Konstruktion sich an das Prinzip des Druckreglers anlehnt. – Aus sicherheitstechnischen Gründen darf Flüssiggas wegen seines gegenüber Luft hohen Raumgewichtes nicht in Räumen benutzt werden, die unter Erdgleiche liegen, in denen sich also ungewollt austretendes Gas ansammeln kann. Besonders das Brennschneiden mit Propan in Schiffen auf der Werft führte in diesem Zusammenhang zu berechtigten Diskussionen, da es nur zu leicht vorkommen kann, daß Gasschläuche zum Brenner im rauhen Werftbetrieb beschädigt werden oder daß versehentlich ein Gasventil am Brenner nicht völlig geschlossen wird. Das Innere eines Schiffskörpers ist in bezug auf die Möglichkeit der Ansammlung von Gas ein besonders prekärer Fall. Diese Gefahr wurde durch die Schaffung eines Unterdruckventils wirkungsvoll und auch behördlicherseits anerkannt behoben.

Ein solches Unterdruckventil entspricht konstruktiv dem in Abb. 18 schematisch dargestellten Aufbau eines Druckreglers. Lediglich die Federkraft ist entgegengesetzt gerichtet. Das bedeutet, daß die Feder entweder bei Anbringung auf der gleichen Membranseite wie beim Druckregler als Zugfeder ausgeführt werden muß oder als Druckfeder, jedoch auf der anderen Menbranseite. Hierdurch ist das Ventil des Reglers von Natur geschlossen und öffnet sich erst durch einen Unterdruck in der Verbrauchsleitung. Schneidbrenner sind mit einem als Injektor ausgebildeten Mischsystem für den Sauerstoff und das Brenngas ausgestattet, wobei der Sauerstoffstrom das Brenngas ansaugt. Der hierdurch erzeugte Unterdruck in der Brenngasleitung öffnet das oben beschriebene Unterdruckventil. Eine Beschädigung der Brenngasleitung führt sofort zu einer Aufhebung des Unterdrucks und unterbindet damit eine Nachlieferung an Brenngas aus der Flasche. Auch ein abgeschalteter Brenner kann aus Undichtigkeiten kein Gas austreten lassen, da der Sauerstoffstrom zur Unterdruckerzeugung fehlt.

Wenngleich ein solches Unterdruckventil ausschließlich für die Anwendung in der Autogentechnik in Frage kommt, so hat seine Einführung doch die Zulassung der Verwendung von Propan zum Brennschneiden in Schiffskörpern auf den Werften durch die Sicherheitsbehörden ermöglicht.

Besonders interessant ist die in Abb. 21 schematisch dargestellte Ausführung eines Druckreglers für Anlagen mit mehreren Flaschen, bei

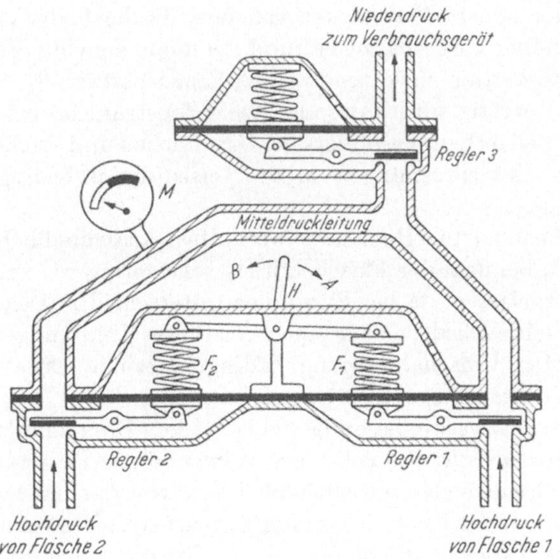

Abb. 21. Selbsttätig umschaltender Druckregler für Flüssiggas (Prinzipskizze)

denen eine Unterbrechung der Gaszufuhr beim Erschöpfen einer Flasche vermieden werden soll.

Auch hier handelt es sich um eine zweistufige Druckregelung. Die erste Stufe ist doppelt zum Anschluß an je eine Flasche bzw. Flaschenbatterie ausgebildet.

Die Flasche *1* ist an den Regler *1* angeschlossen und die Flasche *2* an den Regler *2*. Durch Schaltung des Hebels *H* nach *A* ist die Feder *F 1* höher vorgespannt als die Feder *F 2*. Dadurch liefert der Regler *1* einen um etwa 0,1 at höheren Mitteldruck in die Mitteldruckleitung als der Regler *2*. Der höhere Druck des Reglers *1* sperrt dadurch den Regler *2* ab. Wenn die Flasche *1* so weit erschöpft ist, daß der vom Regler *1* produzierte Mitteldruck unter den Mitteldruck fällt, auf den der Regler *2* eingestellt ist, tritt die Flasche *2* automatisch in Aktion. Der dadurch bedingte geringere Mitteldruck als beim Betrieb aus Flasche *1* wird am Manometer *M* angezeigt und mahnt damit zur Neubestellung einer

Flasche bzw. Flaschenbatterie. Die Schwankungen in dem Mitteldrucksystem, die zwischen 1 und 1,1 atü liegen, werden durch die Funktion des Reglers *3*, der als zweite Stufe auf den endgültigen Gebrauchsdruck einregelt, ausgeglichen. Das Manometer *M* kann zur besseren Kontrolle direkt am Arbeitsplatz angebracht sein und wird sogar häufig mit einem optischen oder akustischen Signal verbunden.

Beim Austausch der erschöpften Flasche *1* gegen eine volle muß der Hebel *H* gleichzeitig nach *B* umgelegt werden. Dadurch wird durch die Flasche *2* der höhere Mitteldruck geliefert, da die Feder des Druckreglers *2* jetzt höher vorgespannt ist, und die nunmehr volle Flasche *1* steht jetzt als automatisch einsetzende Reserve zur Verfügung.

Diese selbsttätig umschaltende Reglerkonstruktion erfreut sich zunehmender Beliebtheit, besonders bei Großküchen und solchen Industrieanlagen, wo Unterbrechungen in der Gaszufuhr unbedingt vermieden werden müssen.

Da im Ausland für Haushaltszwecke fast ausschließlich Butan verwendet wird, bei dem der Flaschendruck sehr gering ist, wird häufig der Regler *3* fortgelassen, da bei Butan der Unterschied zwischen Flaschendruck und Gebrauchsdruck für eine zweistufige Minderung zu gering ist. Die durch den Umschaltvorgang bedingte geringe Druckschwankung kann vom Verbrauchsgerät vertragen werden.

Für Industriezwecke, besonders bei größeren Brenneranlagen, werden meistens Gebrauchsdrücke von 1 atü verwendet. Die hierfür im Handel befindlichen Druckregler unterscheiden sich von den Haushaltsreglern, die für einen Gebrauchsdruck von nur 0,05 atü ausgelegt sind, nur durch eine stärkere Feder und entsprechen konstruktiv der Ausführung in Abb. 18. Wo in der Industrie verschiedene Drücke gebraucht werden, wird mit Reglern gearbeitet, deren Gebrauchsdruck mittels einer Schraube, die die Spannung der Feder verstellbar macht, eingestellt werden kann.

Bei Lötarbeiten mit der Kleinstflasche wird häufig völlig auf eine Druckregelung verzichtet. Ein Nadelventil am Brenner bewirkt durch Drosselung die Einstellung des für die Flamme erforderlichen Gebrauchsdrucks. Hierbei wird dann also ein Hochdruckschlauch, der zum Brenner führt, direkt an das in Abb. 8, Fig. c, abgebildete Ventil angeschlossen.

In den obigen Ausführungen über die Verwendung eines membrangesteuerten Druckreglers zur Konstanthaltung eines geforderten Gebrauchsdrucks, der unter dem Flaschendruck liegt, wurde die Gasentnahme aus der Gasphase der Flasche als Selbstverständlichkeit vorausgesetzt. Im allgemeinen ist dieses Verfahren der gasförmigen Entnahme auch üblich. Die Verdampfungswärme von 102 kcal/kg Propan muß also bereits in der Flasche aus der darin enthaltenen Flüssigkeit und durch aus der Umgebung übertragene Wärme aufgebracht werden.

Wenn bei gesteigerter Entnahme aus der Flasche die Wärmezufuhr aus der Umgebung den Entzug an Verdampfungswärme nicht ausreichend ersetzen kann, kühlt sich der Flascheninhalt ab. Diese Abkühlung kann so weit gehen, daß der Sättigungsdruck in der Flasche so abfällt, daß keine ausreichende Druckdifferenz für den durch den Druckregler zu bewerkstelligenden Regelvorgang mehr vorliegt und die Gasversorgung zum Erliegen kommt. Erfahrungsgemäß beträgt die maximale Dauerentnahme aus einer 33-kg-Flasche 0,75 kg je h. Durch Parallelschalten mehrerer Flaschen kann die Dauerentnahme entsprechend vervielfacht werden. Dabei muß immer berücksichtigt werden, daß die Abgabeleistung einer Flasche vom Inhalt abhängig ist, denn naturgemäß nimmt die Wärmekapazität der enthaltenen Flüssigkeit mit geringerem Flascheninhalt ab. Die obige maximale Dauerleistung einer Flasche von 0,75 kg/h bezieht sich auf die Entnahme bis zu einem Restinhalt von 10%. Abb. 22 gibt graphisch einen Anhalt für die maximalen

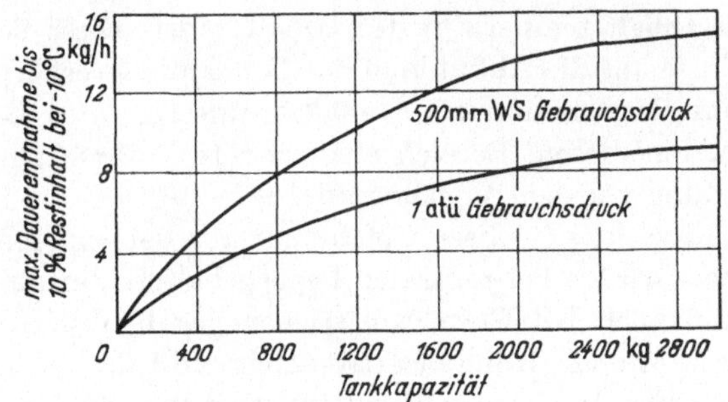

Abb. 22. Maximale Dauerentnahme aus Flüssigkeitstanks bis 10% Restinhalt

Dauerentnahmen von Propanbehältern bis 3000 kg Füllmenge für eine Entleerung bis zu 10% ihrer Füllkapazität. Die Kurvenzüge wurden für 500 mm WS und für 1 atü Niederdruck eingetragen. Die aus diesem Diagramm zu entnehmenden Werte für maximale Dauerentnahme aus der Gasphase sind nur ein ungefährer Anhalt, da sie naturgemäß außerdem noch von der Tankoberfläche und der Außentemperatur abhängig sind.

Ein Druckregler, der den Sättigungsdruck im Vorratsbehälter auf einen geforderten Gebrauchsdruck mindert, soll immer unmittelbar am Vorratsbehälter, sei es Flasche oder Tank, angebracht sein. Bis zum Ventilorgan des Druckminderers befindet sich das Flüssiggas im Sättigungszustand, ist also durch geringste Abkühlung bereit zu kondensieren. Gelangen durch Kondensation entstandene Flüssigkeitstropfen bis an das Ventilorgan, so können sie auch durch dieses hindurchgehen, verdampfen an der Niederdruckseite spontan und führen zu einem Druckstoß, der das Ventil schließt. Dieser Vorgang kann zu Schwingungen des Gebrauchsdruckes führen und unerwünschtes Verlöschen der Flammen an Verbrauchsgeräten bewirken. Die Wahrscheinlichkeit des Auftretens von Kondensationserscheinungen vor dem Druckminderer ist um so geringer, je kürzer die Verbindung zwischen Vorratsbehälter und Druckminderer ist. Trotzdem ist es möglich, daß gerade im Eintrittsstutzen eines Druckminderers noch Kondensation auftreten kann, da der Vorgang der Druckminderung als Drosselvorgang mit einer Temperatursenkung verbunden ist. Der Körper des Druckminderers wird sich an der Niederdruckseite abkühlen und im Zuge des Wärmeausgleichs Wärme aus der Hochdruckseite durch Leitung dorthin überführen. Damit wird auch der Eintrittsstutzen kälter. Der Wärmeentzug ist um so größer, je größer die durch den Regelvorgang zu bewerkstelligende Drucksenkung ist, d.h. *je höher* die Inhaltstemperatur des Vorratsbehälters ist. Ein weiterer Einfluß auf die Abkühlung des Druckmindererkörpers ist durch die Temperatur der Flüssigkeit im Behälter an sich gegeben. Der hierdurch bewirkte Wärmeentzug ist um so größer, *je geringer* die Inhaltstemperatur des Behälters ist. Diese beiden gegenläufigen Einflüsse auf die Abkühlung des Druckmindererkörpers ergeben als Summe im Bereich um 0 °C Inhaltstemperatur des Behälters ein Maximum und in diesem Bereich eine erhöhte Wahrscheinlichkeit der Kondensatbildung vor dem Ventilorgan.

Naturgemäß wirkt sich diese Gefahr nur aus bei sehr langandauernden Entnahmen, wie sie bei zentralen Lagerbehältern für die Haushaltsversorgung und auch bei Gewerbebetrieben gegeben sind. Durch den Ventilsitz durchtretende Kondensattröpfchen sind um so harmloser, je überdimensionierter das Niederdruckleitungssystem ist, da dieses dann als Druckpolster ausgleichend wirkt. Es empfiehlt sich also in solchen Fällen das Leitungssystem nicht auf minimale Querschnitte zu bemessen und/oder ein zusätzliches Polstervolumen zur Aufnahme der Druckschwankungen dem Druckminderer nachzuschalten. Häufig werden größere Druckminderer aus diesem Grunde auch zur Erleichterung der Wärmeaufnahme von außen mit Rippen versehen.

3. Flüssiggasverdampfer

Eine andere Möglichkeit der Erhöhung der Dauerentnahme aus Flüssiggasbehältern ist die Einschaltung eines zusätzlich beheizten Verdampfers. Einem solchen Verdampfer fließt die Flüssigphase aus der über Kopf stehenden Flasche oder aus einem Bodenventil des Tanks direkt zu. Die Verdampfung erfolgt in einer Rohrschlange, die in einem erwärmten Ölbad liegt. Die Erwärmung erfolgt meistens durch elektrische Heizstäbe oder auch durch Flüssiggasbeheizung. Ein mit dem thermostatischen Regelsystem für das Ölbad verbundenes sinnreiches Regelsystem sorgt

Leistung kg/h		25	100	300	500
d_{gas}	mm	12 × 1,5	22 × 2	35 × 2,5	44,5 × 2,5
d_{wasser}	mm	11	21	36	47
D_i	mm	100	200	350	450
$D_ä$	mm	135	270	450	600
H	mm	225	450	760	950
D	mm	175	350	600	760
Rohrlänge	m	11	20	35	45
Anzahl der Windungen		2 × 14	2 × 14	2 × 14	2 × 14
Beheizung	kw	3	12	36	60

für die Verhinderung einer Überflutung des nachgeschalteten Druckminderers mit Flüssigkeit.

Abb. 23 zeigt einen solchen Flüssiggasverdampfer für Leistungen bis 25 kg je h schematisch. Abb. 24 zeigt den prinzipiellen Aufbau von Verdampfern für größere Leistungen. Die Tabelle gibt Anhaltswerte für die Abmessungen sowie die Anschlußwerte bzw. den Wärmebedarf.

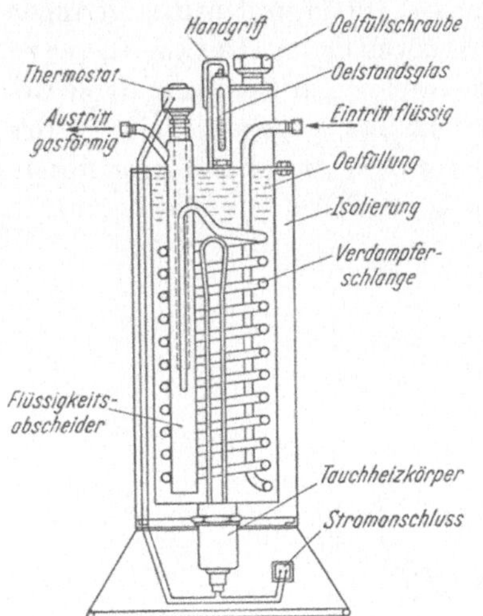

Abb. 23. Elektrisch beheizter Flüssiggasverdampfer

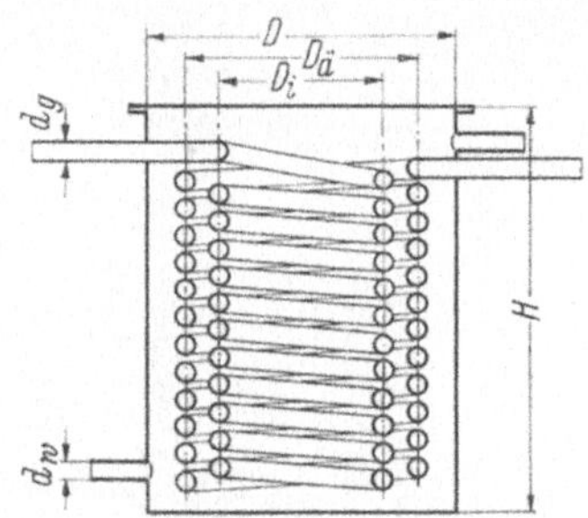

Abb. 24. Verdampfer für Flüssiggas mit Wasserbad von 50 bis 60 °C

Der Vorteil der Entnahme von Flüssiggas aus der Flüssigphase eines Vorratsbehälters und der Verdampfung durch zusätzliche Beheizung liegt einerseits darin, daß die Entnahmeleistung nicht mehr von der Behältergröße abhängig ist, sondern von der Wärmeleistung des Verdampfers. Für Anwendungsgebiete, bei denen äußerste Konstanz der Flüssiggaszusammensetzung gefordert wird, ist es außerdem vorteilhaft, daß bei flüssiger Entnahme praktisch keine Temperaturveränderung des Flascheninhalts auftritt. Die im Vorratssbehälter stattfindende Verdampfung zur Ergänzung des mit der Entnahme zunehmenden Gaspolsters ist in bezug auf den daraus resultierenden Entzug an Verdampfungswärme praktisch zu vernachlässigen. Im Gegensatz zur gasförmigen Entnahme werden keine Kohlenwasserstoffanteile mehr oder weniger bevorzugt entnommen, sondern über die ganze Zeit des Anschlusses einer Flasche oder eines Behälters ein unverändertes Gemisch, das für den Inhalt als Durchschnitt repräsentativ ist.

Nachteilig bei der Entnahme aus über Kopf stehenden Flaschen ist jedoch, daß evtl. aus mehreren Füllungen nach ausschließlicher Benutzung der Flasche zur gasförmigen Entnahme sich eine gewisse Ölmenge angesammelt haben kann, die nunmehr mit der Flüssigkeit durch den Verdampfer in den Druckminderer gelangen kann. Dieses Öl scheidet sich zum Teil bei der Verdampfung aus, kann aber auch in der durch die zusätzliche Beheizung erwärmten Gasphase auf Grund seines geringen Partialdruckes gelöst sein. Um Störungen durch Öl im Druckminderer zu vermeiden, sollte dem Gas zwischen Verdampfer und Druckminderer Gelegenheit zur Abkühlung in einer Rohrschlange, gegebenenfalls mittels eines Wassermantels gegeben werden. Ein dem Druckminderer vorgeschalteter Ölabscheider fängt dann einen großen Teil des Öles heraus.

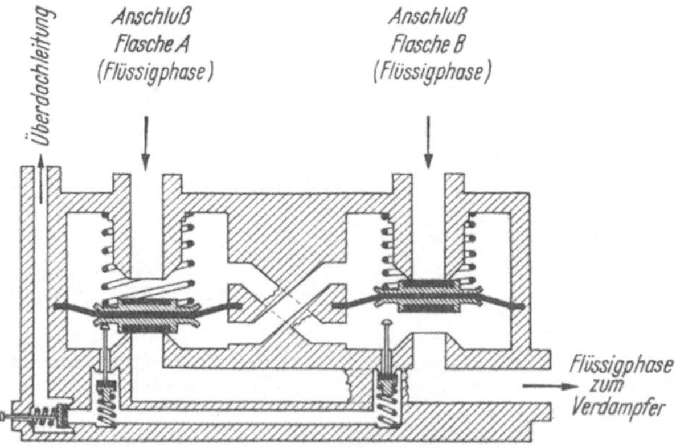

Abb. 25. Automatisches Umschaltventil für Verdampferbetrieb

Auch beim Betrieb eines zusätzlich beheizten Verdampfers ist eine automatische Umschaltung auf Reservebehälter bzw. -flasche möglich. Abb. 25 zeigt ein für diesen Zweck im Handel befindliches automatisches Umschaltventil schematisch.

Die Funktion des Gerätes geht folgendermaßen vor sich:

So lange die angeschlossenen Flaschen noch geschlossen sind, befinden sich beide Membranventile unter dem Einfluß von Federn in der unteren Lage. Wird nun die Flasche *A* als erste geöffnet, so tritt der Druck in die linke obere Kammer und durch die Diagonalverbindung gleichzeitig in die rechte untere Kammer. Die rechte Membranhälfte wird dadurch nach oben bewegt, gibt das rechte Ausgangsventil frei und verschließt das rechte Eingangsventil.

Durch den linken Membranteller wird das linke Entlastungsventil niedergedrückt und geöffnet und verbindet über die Überdachleitung die linke untere und die rechte obere Kammer mit der Außenluft. Wird jetzt auch die Flasche *B* geöffnet, so findet das von dort kommende Flüssiggas das zugehörige (rechte) Eingangsventil verschlossen.

Flasche *A* ist also mit dem Verdampfer verbunden. Flasche *B* steht bei geöffnetem Flaschenventil in Reserve. Die nicht im Flüssiggasstrom liegenden Kammern links unten und rechts oben stehen unter Außenluftdruck.

Ist aus Flasche *A* alles Flüssiggas verbraucht, so vermindert sich der Flaschendruck bei nunmehr gasförmiger Entnahme rasch. Wenn er auf etwa 1 atü abgesunken ist, hält dieser Druck, der auf die Membranunterseite wirkt, dem am Eingangsventil anstehenden Druck aus der Reserveflasche *B* (zuzüglich der Federkraft) nicht mehr das Gleichgewicht, und Flüssiggas aus der Flasche *B* tritt durch das sich öffnende Eingangsventil in die Kammer rechts oben und links unten. Die Membranventile werden entgegen dem schwachen Restdruck aus Flasche *A* in die entgegengesetzte Lage bewegt.

Für das Flüssiggas aus Flasche *B* ist jetzt der Weg zum Verdampfer frei, während die Verbindung zu Flasche *A* geschlossen ist.

Das linke Entlastungsventil hat sich infolge Hochgehens der linken Membran geschlossen, während das rechte aufgedrückt worden ist und die völlige Druckentlastung der Kammern rechts unten und links oben bewirkt.

In diesem Zustand kann die entleerte Flasche *A* durch eine neue Flasche ersetzt werden, deren Flaschenventil jetzt geöffnet werden kann. Ihr Inhalt steht in Reserve, da das zugehörige Eingangsventil im Umschaltautomaten geschlossen ist.

Ein höherer Druckbedarf des Verbrauchers erfordert einen höheren Gegendruck in der Überdachleitung, die normalerweise unter Außenluftdruck steht. Hierfür ist ein verstellbares Gegendruckventil in der Verbindung dieser Leitung nach außen vorgesehen.

Beim Anschluß von mehr als einer Flasche zur gleichzeitigen Flüssigentnahme an einen Verdampfer muß besonders vorsichtig vorgegangen werden. Durch unterschiedlichen Druck in den gleichzeitig angeschlossenen Flaschen, sei es infolge verschiedener Temperatur des Flascheninhaltes oder durch geringe Unterschiede in der Gaszusammensetzung. besteht die Gefahr, daß bei Zusammenschaltung von zwei oder mehr Flaschen eine sich restlos ausfüllt. Werden in solchem Fall aus irgendeinem Grund die Flaschenventile geschlossen, so besteht die Gefahr, daß die restlos gefüllte Flasche infolge geringer Erwärmung eine unzulässige Druckerhöhung erfährt (Druckerhöhung durch die thermische Ausdehnung der Flüssigkeit ohne Gaspolster etwa 7 at je °C). Aus diesem Grunde ist es verboten, daß die Ventile der miteinander unmittelbar in Verbindung stehenden Flaschen vor Erschöpfung des Inhalts geschlossen werden. Entsprechende warnende Hinweise müssen angenbracht werden

Es sei betont, daß über die Notwendigkeit eines Verdampfers von Fall zu Fall entschieden werden muß. Diese ist nicht nur von der Höhe der Gasentnahme abhängig, sondern muß auch wirtschaftlich vertretbar sein. Abgesehen vom Zinsendienst für die Verdampferanlage muß ermittelt werden, ob der Wärmebedarf für den Verdampfer billiger ist als der Einsatz einer Flaschenbatterie zur gasförmigen Entnahme mit den evtl. Flaschenmieten.

Für die Konstruktion und Berechnung eines Verdampferaggregats ist die Kenntnis der zu verdampfenden Flüssiggasmenge Vorbedingung. Der daraus ermittelte Wärmebedarf muß durch elektrischen Strom, Dampf oder mittels einer Flüssiggasflamme über ein Wasser- oder Ölbad zugeführt werden. In jedem Fall ist darauf zu achten, daß die das Flüssiggas berührende Heizfläche nicht über 325 °C heiß wird. 325 °C ist die Temperatur, bei der eine Zersetzung des Butylens, beginnt. Zur Sicherheit sollten für die Heizfläche 250 °C als Höchsttemperatur nicht überschritten werden. In der Praxis wird meistens mit Ölbadtemperaturen von selten über 100 bis 120 °C gearbeitet, damit eine zu hohe Temperatur des verdampften Flüssiggases und eine Erschwerung der Ölabscheidung vermieden wird.

4. Verwendung im Haushalt

Eines der größten Anwendungsgebiete für Flüssiggas ist der Einsatz im Haushalt anstelle von Stadtgas in Gebieten, die nicht an ein Stadtgasnetz angeschlossen sind. Flüssiggas ist hier für alle Zwecke geeignet, für die sonst Stadtgas Verwendung findet, wie Kochherde, Badeöfen, Grillvorrichtungen, Wassererhitzer (Badeöfen), Raumheizöfen, Absorptionskühlschränke, Beleuchtung usw.

In jedem Fall bedarf es jedoch eigens für die Verwendung von Flüssiggas hergestellter Geräte, die auch durch einen entsprechenden Hinweis deutlich als solche kenntlich gemacht sein müssen.

Der Unterschied von Flüssiggashaushaltsgeräten gegenüber Stadtgasgeräten ist immer durch die folgenden Grundeigenschaften, die von denen des Stadtgases abweichen, bedingt:

Tabelle 11

		Propan	Butan	Stadtgas
Raumgewicht des Gases	kg/Nm³	1,96	2,59	0,59
Max. Zündgeschwindigkeit	cm/sec	42	39	68
Üblicher Leitungsdruck	mm WS	500	300	60
Heizwert	kcal/Nm³	21700	28300	3880
Luftbedarf zur Verbrennung	Nm³/Nm³	23,9	31,1	3,83

An dieser Stelle sei erwähnt, daß im Ausland fast ausschließlich *Butan* im Haushalt zu Brennzwecken verwendet wird. Die üblicherweise eingesetzten Flaschen mit 5 kg und 11 kg Inhalt stehen dann ausnahmslos innerhalb der Wohnung, so daß Verdampfungsschwierigkeiten bei niedrigen Außentemperaturen nicht zu befürchten sind. *Propan* dagegen wird im Ausland fast ausschließlich in der Industrie eingesetzt.

In Deutschland besteht das im Haushalt verwendete Flüssiggas überwiegend aus Propan. Hierdurch wird der aus sicherheitstechnischen Gründen beliebten Anlage mit außerhalb des Hauses stehender Vorratsflasche für 33 kg Inhalt Vorschub geleistet, da Verdampfungsschwierigkeiten bei Verwendung von reinem Propan bei niedrigen Außentemperaturen kaum zu befürchten sind.

Während im Ausland überwiegend mit einem Gebrauchsdruck von 300 mm WS gearbeitet wird, ist in Deutschland für Flüssiggasanlagen ein Druck von 500 mm WS üblich.

Die Berücksichtigung des hohen Raumgewichtes von Flüssiggas im gasförmigen Zustand erstreckt sich außer auf die Bemessung der Zumeßdüsen für die einzelnen Brenner überwiegend auf die sicherheitstechnischen Belange. – Propan (1,96 kg/Nm³) ist rund 1,5mal so schwer wie Luft (1,29 kg/Nm³) und hat deshalb, wenn es unverbrannt austritt, wie bereits unter A 5 ausführlich beschrieben, das Bestreben, sich auf dem Boden auszubreiten und nicht, wie Leuchtgas, aufzusteigen und zu entweichen. – Flüssiggashaushaltsgeräte müssen also so ausgebildet sein, daß sich an keiner Stelle in ihnen eventuell austretenes Gas ansammeln kann. Die häufig unter den Backöfen von Haushaltsherden angebrachten Schubladen müssen beispielsweise an ihrer tiefsten Stelle Durchbrüche haben, damit während der Anzündezeit aus den Backofenbrennern unverbrannt ausgetretenes Gas, das nach unten in die Schublade abfließt, sich in dieser nicht ansammeln kann.

Auf die gegenüber Stadtgas geringere Zündgeschwindigkeit muß bei der Ausbildung der Brennermündungen besonders Rücksicht genommen werden.

Nach im Ausland gemachten Erfahrungen können, abgesehen von der in jedem Fall auszutauschenden Zumeßdüse, durchschnittlich nur 10% aller Stadtgasbrenner für Flüssiggas verwendet werden. Da die Kleinstellung der Gasbrenner an Herden durch eine feine Bohrung im Hahn bestimmt ist, wäre auch an dieser Stelle für die Umstellung eines Gerätes von Stadtgas auf Flüssiggas eine Umänderung erforderlich. Hinzu kommt noch, daß das Leitungssystem von Stadtgasgeräten im allgemeinen nicht für den bei Flüssiggas verwendeten Druck von 500 mm WS eingerichtet ist. Eventuell angebrachte Zündflammen müssen bei Flüssiggas mit Primärluftzufuhr versehen sein, während dies bei Stadtgas mit seinem erheblich geringeren Luftbedarf nicht üblich ist. Alle diese erwähnten Gründe und noch eine Anzahl mehr lassen erkennen, daß es in jedem Fall unzweckmäßig ist, ein für Stadtgas gebautes Haushaltsgerät auf den Betrieb mit Flüssiggas umzustellen. Nur mit eigens für die Verwendung von Flüssiggas vorgesehenen Geräten ist ein einwandfreier Betrieb mit guter Wärmeausnutzung zu erreichen.

Wesentliche Konstruktionsmerkmale für Flüssiggashaushaltsgeräte sind in den deutschen Normen ebenso wie für Stadtgasgeräte festgelegt worden. In diesem Zusammenhang sei auf die folgenden Normen für Flüssiggashaushaltsgeräte hingewiesen:

DIN 3361 Haushaltsherde, -backöfen und -kocher für Propan/Butan, Richtlinien für Bau, Güte, Leistung und Prüfung.
DIN 3369 Durchlauf-Gaswasserheizer für Propan/Butan. Richtlinien für Bau, Güte, Leistung und Prüfung.
DIN 3365 Gas-Raumheizer für Einzelheizung für Propan/Butan.

Diese Normen befassen sich gründlichst mit der Wirkungsweise, der Bauweise, dem Gasverbrauch sowie auch dem hygienischen Verhalten der Geräte, die für Flüssiggas vorgesehen sind.

Die Tab. 12 gibt einen Anhaltspunkt über die Flüssiggasverbrauche der üblichen Haushaltsgeräte:

Tabelle 12. *Flüssiggasverbräuche von Haushaltgeräten*

		g/h
1 normaler Kochbrenner		155
1 Großbrenner		218
Backofen (abhängig vom Volumen)	etwa	270
Kleinwasserheizer		800
Badeofen		2000 – 3000
Raumheizofen (je nach Größe)		800 – 1500
Kühlschrank		30
Gaslampe		30
Waschkessel		1000

Abb. 26 zeigt den prinzipiellen Aufbau von Kochbrennern, wie sie in Haushaltsherden verwendet werden. Die Einstellung der Gasflamme erfolgt durch einen Gashahn, der sowohl als Kükenhahn als auch als Ventilsystem ausgebildet sein kann (s. Abb. 27). In jedem Fall ist durch entsprechende Ausbildung im Bereich der Zumeßdüse, deren Abmessung die Höchstmenge bestimmt, eine Primärluftansaugung nach dem Prinzip des Bunsenbrenners vorgesehen. Der große Luftbedarf von Flüssiggas von 23,9 Nm^3 bei Propan bzw. 31,1 Nm^3 bei Butan je Nm^3 Gas macht es erforderlich, daß mindestens 60% der Verbrennungsluft als Primärluft angesaugt werden. Die Erfüllung dieser Forderung wird um so schwieriger, je geringer die Menge ist, die die für die Höchstmenge ausgelegte Zumeßdüse durchströmt. Hierdurch ist die mögliche Kleinstellung für Flüssiggas begrenzt. Um den Gasverbrauch gering zu halten, wird häufig ein Kompromiß gewählt, indem die Wärmeleistung bei Vollbrand gegenüber einem Stadtgasgerät etwas herabgesetzt wird, so daß die Wärmeleistung bei Kleinstellung die Kleinstellmöglichkeit des Stadtgasherdes nicht mehr allzusehr übertrifft. – Moderne Flüssiggasherde haben heute bereits äußerst sorgfältig ausgebildete Ansaugsysteme, so daß das Leistungsverhältnis Vollbrand zu Kleinstellung, das viele Jahre lang bei etwa 4 : 1 begrenzt war, bis auf 6 : 1 gesteigert werden konnte.

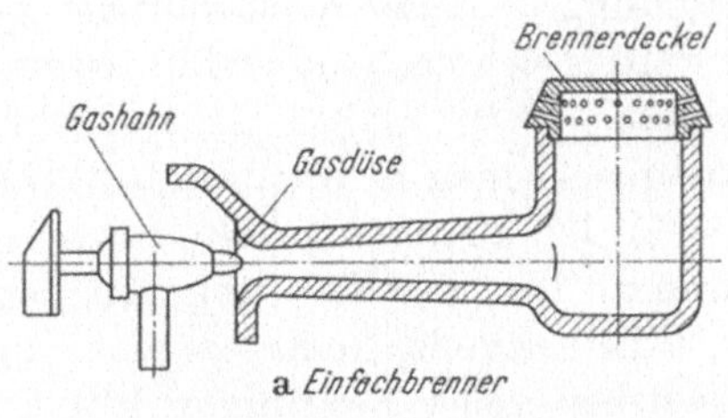

a Einfachbrenner

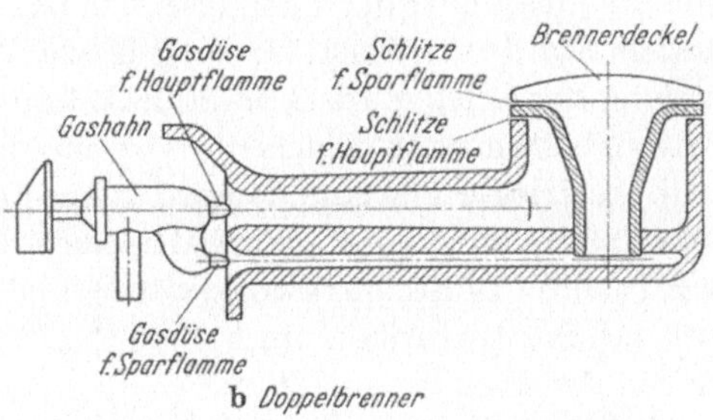

b Doppelbrenner

Abb. 26a u. b. Prinzipskizzen von Kocherbrennern

Eine andere Möglichkeit, dieses Verhältnis günstiger zu gestalten, zeigt Abb. 26b. Der hier abgebildete Doppelbrenner, der auch im Stadtgasherd stellenweise zur Erzielung äußerst geringer Wärmeleistungen bei Kleinstellung zu finden ist, verwendet für die Kleinstellflamme eine besondere Zumeßdüse mit eigenem Ansaugrohr. Der Brennerdeckel ist dann so ausgebildet, daß die Vollbrandflamme und die Kleinstellflamme aus verschiedenen Schlitzen austreten. So ist es möglich, dem jeweiligen Düsensystem einen eigens dafür in seinen Austrittsquerschnitten ausgebildeten Brenner zuzuordnen. Hierdurch ist das Abreißen und Zurückschlagen, also jegliche Unstabilität der Flammen, Umstände, die sonst die Vollbrand- und die Kleinstellung mit begrenzen, unterbunden.

Die Brennerdeckel sind für Flüssiggas in jedem Fall so ausgebildet, daß eine möglichst große Flammenleistung erreichbar ist. Auch hier ist von dem unter A 4d beschriebenen Verfahren zur Stabilisierung der Flamme Gebrauch gemacht. Die Bohrungen oder Schlitze müssen entweder im Verhältnis zu ihrem Querschnitt eine ausreichende Länge haben, damit die in ihrer Geschwindigkeit verlangsamte Strömung an der Wandung die Flamme stabilisiert, oder die Schlitze sind so ausgebildet, daß sie sich nach außen hin erweitern, wie prinzipiell auf Abb. 4, *3* dargestellt.

Häufig sieht man Konstruktionen, bei denen sich schmale und breite Schlitze in den Brennerdeckeln abwechseln. Die schmalen Schlitze liefern dann die sog. Stabilisierungsflammen, die die Hauptflammen unterhalten. Eine reizvolle, heute ebenfalls angewandte Methode, die Flammen auch bei großer Leistung, d.h. bei Gasaustrittsgeschwindigkeiten, die erheblich über der Zündgeschwindigkeit des austretenden Gemisches liegen, auf der Brennermündung festzuhalten, ist die horizontale Unterteilung der Schlitze im Brennerdeckel durch ein dünnes Blech von hoher Wärmeleitfähigkeit. Einerseits wird hierdurch die Reibung des Gases vor dem Austritt erhöht und damit der Anteil der verlangsamten Randzonen vergrößert; andererseits wird aber auch das Gas durch Wärmeleitung in das Innere des Brenners vorgewärmt und damit seine Zündgeschwindigkeit erhöht, was wiederum höhere Austrittsgeschwindigkeiten ohne Abreißen der Flamme zuläßt.

Beim Backofenbrenner sind gleiche Maßnahmen wie bei Kochbrennern zu beachten. Die Primärluftzufuhr und die Primärluftansaugung begrenzen auch hier das Verhältnis von Vollbrand zu Kleinstellung. Die Stabilität der Flammen bei Vollbrand erfordert allgemein eine größere Anzahl, aber dafür kleinere Löcher in den Brennerrohren als beim Stadtgasherd. Auch hier hilft man sich manchmal dadurch, daß große und kleine Löcher abwechselnd angeordnet werden.

Der Einfluß des Primärluftanteils auf die Zündgeschwindigkeit und damit auf den zulässigen Austrittsquerschnitt für eine geforderte Wärmeleistung führte zu eingehenden empirischen Untersuchungen, deren Ergebnis die Tab. 13 ist.

Tabelle 13

Primärluftanteil in % von der stöchiometrischen Luftmenge	Höchstzulässiger Gasdurchgang in kcal/mm², h
70	5,2
65	6,0
60	7,2
55	8,4

Besonderer Erwähnung bedarf die Ausbildung der Gashähne. Der vom Stadtgasgerät anfänglich übernommene Kükenhahn hat für Flüssiggas gewisse Nachteile. Der mit 500 mm WS bei Flüssiggas gegenüber

60 mm WS bei Stadtgas höhere Gasdruck läßt Befürchtungen wegen gewisser Undichtigkeiten aufkommen. Diese Befürchtungen sind um so mehr berechtigt, als die üblichen Hahnfette von Flüssiggas gelöst werden. Heute gibt es bereits Hahnfette auf Siliconbasis, die gegen Propan und Butan beständig sind. Das sog. Ventil oder Membranventil vermeidet diese Bedenken. Undichtigkeiten nach außen werden durch Übertragung der Bewegung über eine Metall- oder Gummimembrane unterbunden. Die Ventilsitze sind aus Kunststoff oder Gummi ausgeführt. Ein Nachteil ist der äußerst geringe Hub solcher Ventilsysteme und die dadurch erforderliche Präzision der Ventilerhebungskurve. Die Kleinstellmenge ist auch hier wie beim Kükenhahn durch eine gesonderte Kleinstellbohrung bestimmt.

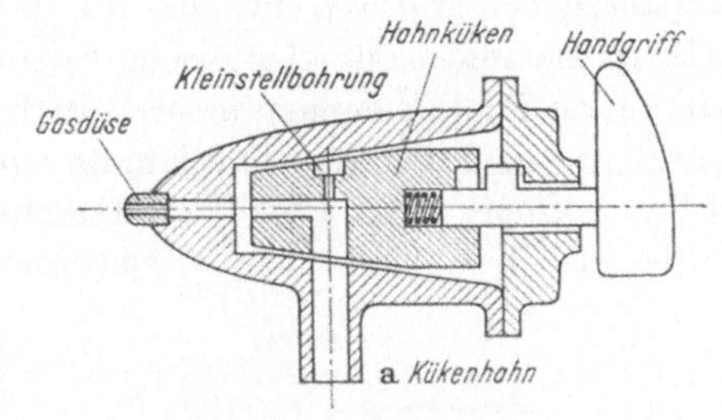

Abb. 27 zeigt beide Hahnkonstruktionen in prinzipieller Darstellung.

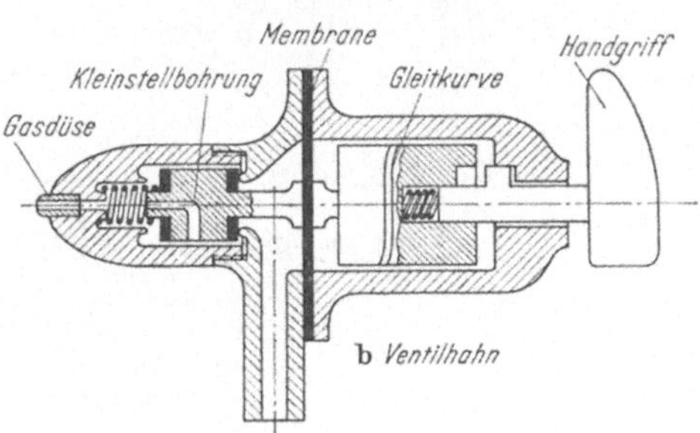

Abb. 27a u. b. Prinzipskizzen von Gashähnen

Bemerkenswert als flüssiggasverbrauchendes Gerät ist der *Durchlauferhitzer*. Hierbei handelt es sich wie beim üblichen Gasbadeofen um einen Brenner hoher Wärmeleistung, der eine benötigte Wassermenge im Durchfluß durch ein Rohrsystem, das zur besseren Wärmeübertragung mit Rippen versehen ist, erhitzt. Die Unterbringung von Wärmeleistungen in der Größenordnung von über 20000 kcal/h unter Einhaltung des geforderten Wirkungsgrades von 80% auf so geringem Raum macht eine besonders sorgfältige Ausbildung der Brenner erforderlich. Die Anwendung von Brennern ohne Primärluftzufuhr, wie bei Stadtgas, ist hier nicht mehr angängig, da die Flammen bei Flüssiggas nicht in der Lage sind, die gesamte erforderliche Verbrennungsluft aus ihrer Umgebung durch Diffusion aufzunehmen. Die im Handel befindlichen Ausführungen sind sehr unterschiedlich, haben jedoch alle die Anwendung der Primärluftansaugung gemeinsam. Es ist sowohl üblich, dem gesamten Brenner, ähnlich wie beim Backofenbrenner, eine oder zwei Primärluftansaugungen zuzuordnen, wie auch das Brennersystem in einzelne Bunsenbrenner mit eigener Primärluftansaugung zu unterteilen.

Die Zündflamme, deren Verbrauch aus Wirtschaftlichkeitsgründen 5 l/h nicht überschreiten soll, muß ebenfalls mit Primärluftzufuhr versehen sein. Ebenso wie beim Badeofen für Stadtgas besteht die Vorschrift der Anbringung einer Zündflammensicherung. Meistens wird hierfür eine Bimetallfeder entsprechend Abb. 28a angewandt, die erst unter dem Einfluß der Beheizung durch die Zündflamme ein Ventil zum Hauptbrenner öffnet. Dadurch ist eine Freigabe des Gasstromes aus den Hauptbrennern bei nichtentzündeter Zündflamme ausgeschlossen. Erhöhte Sicherheit bieten thermoelektrische Zündsicherungen. Hierbei handelt es sich um ein magnetbetätigtes Ventil, das durch ein von der Zündflamme beheiztes Thermoelement seine elektrische Spannung erhält. Da die Stromstärke aus einem Thermoelement äußerst gering ist, ist es notwendig, das Ventil vor dem Anzünden der Zündflamme mit einem Druckknopf zu betätigen, d.h. zu öffnen. Sobald die Zündflamme das Thermoelement hinreichend aufgeheizt hat, bleibt das Ventil auch ohne weiteren Druck auf den Knopf in Offenstellung am Magneten hängen. Diese Konstruktion hat gegenüber dem sonst üblichen System mit der Bimetallfeder den Vorteil, daß durch das Zündsicherungsventil das Gas für die Zündflamme mit abgeschaltet wird. Wenn durch irgendeinen Zufall die Zündflamme verlöscht, wird also auch an dieser Stelle kein unverbranntes Gas mehr austreten.

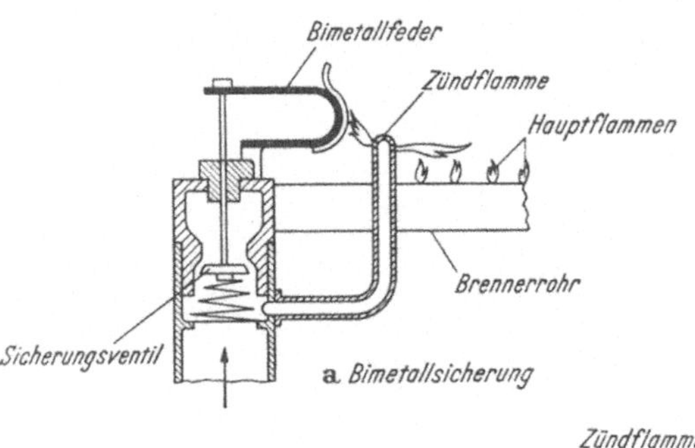

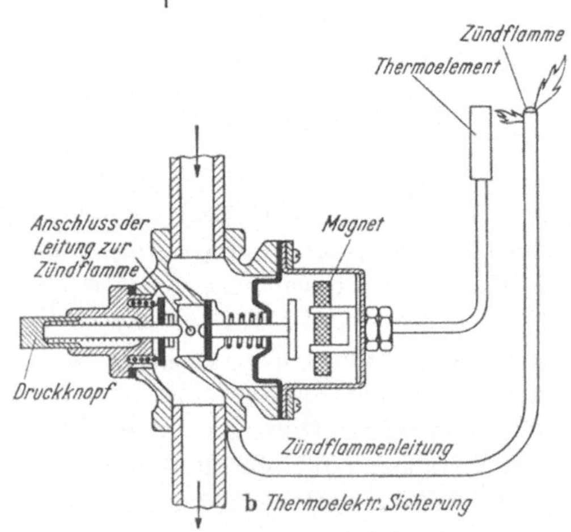

Abb. 28a u. b. Zündflammensicherung

Abb. 28 zeigt die beiden beschriebenen Zündsicherungen in prinzipieller Darstellung.

Besonders beim Gasbadeofen ist das sog. hygienische Verhalten des Brenners von größter Wichtigkeit, da Baderäume meistens nicht sehr geräumig sind und schon relativ kleine Mengen unvollkommen verbrannter Gasbestandteile zu schweren Vergiftungen mit Todesfolge führen können. Aus diesem Grunde ist der Gehalt an Kohlenmonxyd (CO) im

Abgas mit maximal 1%, bezogen auf den gesamten Kohlensäuregehalt des Abgases, begrenzt. Andere Länder, darunter Frankreich, gehen in dieser Sicherheitsforderung noch weiter und lassen höchstens 0,5% CO, bezogen auf den CO_2-Gehalt, im Abgas zu.

Absorptionskühlschränke und *Beleuchtungsanlagen* mit Flüssiggas können vom technischen Gesichtspunkt einander zugeordnet werden. Bei beiden ist der Gasverbrauch äußerst gering, was eine sehr genaue Kalibrierung der Zumeßdüsen voraussetzt. Besonders bei Beleuchtungskörpern mit Flüssiggas macht sich eine Schwankung in der Gaszusammensetzung sehr unangenehm bemerkbar. Bereits eine geringe Zunahme des Butangehalts im Gas gibt zu Rußbildungen am Glühstrumpf Anlaß. Für Beleuchtungsanlagen bedeutet somit die Verwendung von möglichst reinem Propan oder Butan erhebliche Vorteile. Bei Absorptionskühlschränken mit Flüssiggasbeheizung des Kühlaggregats bedient man sich im allgemeinen eines kleinen Niederdruckreglers, der den Gasdruck auf einen möglichst geringen Druck am Brenner herunterregelt. Hierdurch ist es möglich, weniger feine und somit unempfindlichere Zumeßdüsen zu verwenden.

Das Leitungssystem ist in seinen Querschnitten dem Gasbedarf anzupassen. Dies ist um so mehr zu beachten, wenn unter Verwendung einer außen am Haus angeordneten Flasche mehrere Haushaltsgeräte angeschlossen sind.

Aus Tab. 14 kann die minimale Rohrabmessung unter Berücksichtigung der Leitungslänge und des Gasbedarfs entnommen werden:

Tabelle 14

Leitungslänge m	Gasdurchgang in kg/h (Geräte-Anschlußwert)										
	0,5	0,8	1,0	1,5	2,0	3,0	4,0	5,0	6,0	8,0	10
	Lichte Weite (Rohr-Nennweite) in mm										
1	6	6	6	6	9	9	10	12	12	15	15
2	6	6	6	6	9	10	12	12	15	15	18
3	6	6	6	9	10	10	12	15	15	18	18
4	6	6	9	9	10	12	12	15	15	18	18
5	6	9	9	10	10	12	15	15	15	18	18
6	9	9	9	10	12	12	15	15	18	18	20
8	9	9	10	10	12	12	15	15	18	18	20
10	9	10	10	12	12	15	15	15	18	20	20
12	10	10	12	12	12	15	15	18	18	20	25
14	10	12	12	12	12	15	15	18	18	20	25
16	10	12	12	12	15	15	18	18	20	20	25
18	12	12	12	15	15	15	18	18	20	20	25
20	12	15	15	15	15	15	18	18	20	25	25
25	12	15	15	15	15	18	18	20	20	25	25
30	12	15	15	15	15	18	18	20	25	25	30

In Deutschland sind für Flüssiggas überwiegend Leitungen nach dem Schneidringsystem in Verwendung. Neben einer ausgesprochen einfachen

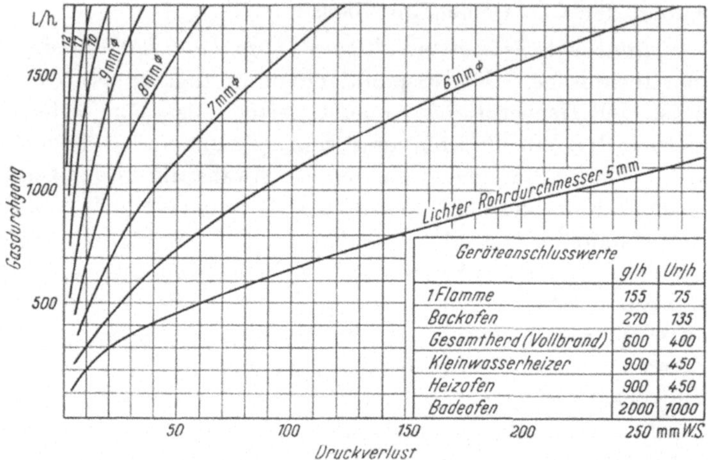

Abb. 29. Abhängigkeit zwischen Druckverlust je Meter Rohr und Gasdurchgang für verschiedene Rohrweiten bei Flüssiggas

Verlegung erfüllt eine solche Leitung die in Deutschland aufgestellte Forderung, daß eine Abdichtung allein durch Gewindegänge für Flüssiggas verboten ist. Die Ermeto-Verschraubung, die auf Abb. 30 dargestellt ist, gewährleistet eine einwandfreie und leicht lösbare Abdichtung von Rohrverbindungen und -anschlüssen. Als Prüfdruck ist 1 atü vorgeschrieben. Schlauchverbindungen sind nur bei Verwendung von Kleinflaschen als Verbindung zwischen Druckregler und Rohrleitung zum Gasherd bzw. lediglich bei Tischkochern als Verbindung zwischen Druckregler und Kocher gestattet.

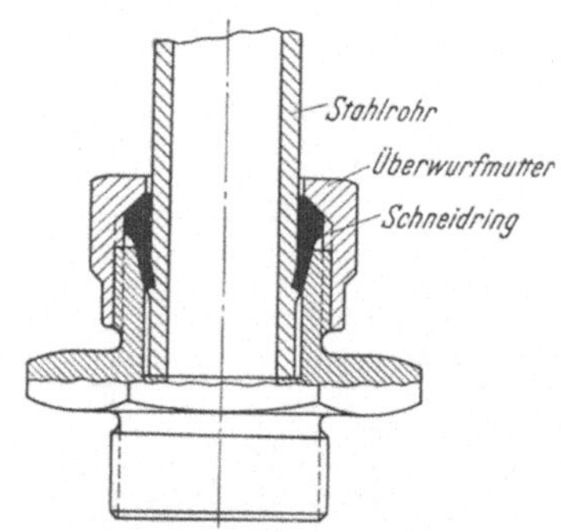

Abb. 30. Ermeto-Schneidringverschraubung als Rohrverbindung

5. Einsatz in Gaswerken zur zentralen Verteilung

Der Einsatz von Flüssiggas in einem zentralen Verteilungssystem erscheint auf den ersten Blick sehr vielversprechend. Wenn man jedoch die hohen Lagerkosten durch den teuren Druckbehälter und das gegenüber Stadtgas keinesfalls billigere Rohrsystem in Betracht zieht, wobei noch berücksichtigt werden muß, daß eine derartige Anlage, abgesehen von Spitzengasanlagen, nur für relativ kleine Gemeinden bzw. Siedlungen in Betracht kommt, so sieht man, daß es von Fall zu Fall einer gründlichen Wirtschaftlichkeitsrechnung bedarf.

Grundsätzlich ist die Anwendung von Flüssiggas für eine öffentliche Rohrnetzverteilung in drei verschiedene Gebiete zu unterteilen.

a) Verteilung von reinem Flüssiggas,
b) Verwendung von Flüssiggas-Luft-Mischungen,
c) Anwendung von Flüssiggas als Zusatz zum Stadtgas,
d) Reformierung von Flüssiggas.

Die technischen Unterschiede dieser drei Gebiete und die unterschiedlichen Gründe für ihre Anwendung erfordern eine getrennte Behandlung.

a) Verteilung von Flüssiggas in einem Rohrleitungssystem

Kleine Gemeinden oder Siedlungen haben häufig Interesse an einer zentralen Gasversorgung. Die Errichtung eines eigenen Stadtgaswerkes scheitert im allgemeinen an der Unwirtschaftlichkeit derartig kleiner Einheiten. Häufig besteht auch für später Aussicht auf einen Anschluß an ein Ferngasnetz, so daß die Installierung eines Rohrnetzes in jedem Fall angebracht erscheint.

In solchen Fällen liegt der Einsatz von Flüssiggas ohne Verwendung der üblichen Flaschen nahe. Besonders in Holland und Frankreich werden bereits eine Anzahl Gemeinden auf diese Weise mit Flüssiggas versorgt. Selbstverständlich kommt hier ausschließlich der Einsatz von reinem Propan in Frage, da die Lagerbehälter im Freien stehen und somit bei Butan in der kälteren Jahreszeit Verdampfungsschwierigkeiten zu befürchten wären.

Der Lagerbehälter sollte in jedem Fall nahe an einem Bahngleis aufgestellt sein, damit eine Befüllung aus Eisenbahnkesselwagen möglich ist. Straßentankwagen, soweit vorhanden, können selbstverständlich auch herangezogen werden, doch entstehen hierdurch zusätzliche Kosten. In Frankreich findet man in derartigen Anlagen häufig die Verwendung von kleinen Tanks für 1000 kg Inhalt, die transportabel sind und nach Entleerung unter Einsatz von Spezialtransportwagen gegen gefüllte Behälter ausgetauscht werden können.

Der Flüssigkeitsbedarf einer lediglich aus Haushalten bestehenden Gemeinde ist äußerst gering, so daß der Einsatz der in Frankreich üblichen 1000-kg-Behälter sehr wirtschaftlich erscheint. Veranschlagt man beispielsweise eine Gemeinde mit 2000 Einwohnern, d.h. etwa 500 Haushalten, und legt je Haushalt einen für Deutschland sehr hoch gegriffenen Jahresverbrauch an Flüssiggas von 100 kg zugrunde, so ergibt sich ein Gesamtjahresbedarf von 50000 kg bzw. ein Flüssiggasverbrauch von

1000 kg je Woche. Ein zentraler 1000 kg fassender Lagerbehälter wäre also rund wöchentlich einmal auszuwechseln.

Die Installation einer solchen Anlage ist denkbar einfach. Die Druckregelung wird im allgemeinen in zwei Stufen unterteilt. Das gesamte Reglersystem ist doppelt ausgeführt, so daß bei Auftreten von irgendwelchen Störungen auf den Reserveregler umgeschaltet werden kann. Die Mitteldruck- und die Niederdruckleitung sollen zweckmäßigerweise mit Kontaktmanometern versehen sein, die unzulässige Abweichungen im Druck nach oben und nach unten durch ein Signal anzeigen. Die Aufsicht obliegt im allgemeinen einem Einwohner, der gleichzeitig die Zählerablesung und das Rechnungswesen zu versehen hat. Die Gaszähler in den einzelnen Haushaltungen müssen speziell für Propan vorgesehen sein, d.h., die Bälge bzw. Membranen müssen gegen Propan beständig sein.

Die Leitungsquerschnitte werden häufig überdimensioniert, um einen evt. späteren Anschluß an ein Ferngasnetz zu ermöglichen.

b) Verwendung von Flüssiggas-Luft-Mischungen

Dieses Verfahren einer zentralen Flüssiggasverteilung kommt nur dort in Frage, wo vorhandene veraltete und unwirtschaftlich arbeitende Steinkohlengaswerke außerhalb der Anschlußmöglichkeit an die Gruppen- oder Ferngasversorgung durch Übergang zu dieser Versorgungsart eine wirtschaftliche Chance zur Aufrechterhaltung ihrer Versorgung sehen.

In Ausnahmefällen kommt dieses Verfahren gegebenenfalls als Vorauslösung vor der Fertigstellung einer Steinkohlengasversorgung in Betracht. Erwähnt sei auch die Möglichkeit einer Nach- oder Vorauslösung zu einer Erdgasversorgung.

Das Verfahren der Verteilung einer Flüssiggas-Luft-Mischung ist naturgemäß teurer als die Verteilung reinen Flüssiggases im Rohrnetz. Die Mischeinrichtung für Luft und Propan kann aus einer Venturidüse bestehen, in der das durchströmende Propan die Luft ansaugt. Wichtig ist, daß die Luft durch die Expansionskälte des Propans, das in einer solchen Düse von etwa 2 atü Vordruck auf 120 mm WS entspannt wird, gekühlt wird. Dadurch wird die Feuchtigkeit der Luft herabgesetzt und eine spätere Kondensation in den Rohrleitungen vermieden. Die Dosierung der Luftzumischung geschieht über einen Heizwertregler.

Ein anderes Verfahren, die Flüssiggas-Luft-Mischung herzustellen, bedingt eine Kompressorengruppe, die im wesentlichen aus je einem Kompressor für Luft und Flüssiggas besteht. Beide Kompressoren werden gemeinsam von einem Elektromotor über Riemenübersetzungen angetrieben. Hierdurch wird auch bei Drehzahlschwankungen das Mischungsverhältnis konstant gehalten. Naturgemäß ist hinter der Mischeinrichtung ein Gasspeicherbehälter vorzusehen.

Eine Flüssiggas-Luft-Mischung stellt praktisch eine Nahahmung des Stadtgases dar und der Einsatz kommt somit auch nur in Frage, wo ein Austausch gegen Stadtgas vorgesehen ist. Natürlich muß bereits bei den Gaszählern dafür gesorgt werden, daß die Bälge bzw. Membranen beständig gegen Flüssiggas sind. Dieses ist bei den üblichen Stadtgaszählern nicht der Fall. Allerdings liegen aus dem Ausland Berichte darüber vor, daß alte Lederbälge und Menbranen, die bereits lange Zeit mit Stadtgas in Betrieb waren, gegen Flüssiggas beständig sind. Solche Berichte sind jedoch mit Vorsicht zu verwerten, da die Möglichkeit besteht, daß es sich bei dem erwähnten vorher verwendeten Stadtgas um Erdgas handelt, das in seinen Eigenschaften dem Flüssiggas sehr ähnlich ist und somit bereits besonders imprägnierte Bälge und Membranen in den Gaszählern erfordert.

Verbrauchsgeräte, die für Stadtgas vorgesehen sind, können erfahrungsgemäß nur in sehr wenigen Fällen bei Übergang auf eine Flüssiggas-Luft-Mischung weiter verwendet werden. Wohl ist es möglich, dem Einfluß des gegenüber Stadtgas erheblich höheren spezifischen Gewichts einer Gas-Luft-Mischung durch Wahl eines höheren Heizwertes und evtl. Übergang auf einen höheren Druck entgegenzuarbeiten. Es bleibt jedoch die Tatsache bestehen, daß das an den Brennermündungen austretende Gas mit dem Gas identisch ist, das bei direkter Verwendung von Flüssiggas am Brenner vorliegt. Praktisch ist lediglich die Primärzufuhr aufgeteilt in die Luftbeimischung bei der Verteileranlage und in die Primärluftzufuhr am Gerät. Die Brenner selber, abgesehen von den Gasdüsen, müssen also alle Eigenschaften von Flüssiggasbrennern haben, d.h. in ihrer Konstruktion auf die gegenüber Stadtgas geringe Zündgeschwindigkeit Rücksicht nehmen. Dieser Umstand wird bislang nur von sehr wenigen Stadtgasbrennern erfüllt.

Ein Vorteil der Verwendung von Flüssiggas-Luft-Mischungen kann unter Umständen sein, daß hier auch der Einsatz von reinem Butan bei Vorliegen evtl. Produktionsüberschüsse in diesem Gas möglich ist. Ein Auskondensieren des Butans mit seinem hohen Siedepunkt bei 0 °C aus der Mischung mit Luft ist kaum zu erwarten, wenn man berücksichtigt, daß der volumetrische Anteil des Butans in der Mischung in der Größenordnung von nur 20% liegt. Das entspricht einem Partialdruck von etwa 0,2 ata für Butan und damit einem Siedepunkt bzw. Taupunkt für den Butananteil bei etwa – 30 °C.

Erfahrungen im Ausland haben gezeigt, daß eine Verteilung von reinem Flüssiggas bzw. einer Flüssiggas-Luft-Mischung im Rohrnetz nur dann wirtschaftlich ist, wenn die Verteilerstelle in der Lage ist, beim Verkauf des Gases an die Abnehmer im Durchschnitt den dreifachen Wärmepreis gegenüber seinem Bezugspreis zu verlangen.

Geht man von einem durchschnittlichen Wärmepreis für Stadtgas von 7 Pf/1000 kcal aus, so dürfte der Bezugspreis für Flüssiggas nur 7 : 3 = 2,3 Pf/1000 kcal bzw. 26,4 Pf/kg betragen. Hieraus erhellt eindeutig, daß für Deutschland nur in den seltensten Fällen die Möglichkeit einer Verteilung von Flüssiggas im Rohrnetz gegeben ist, zumal ein solcher Verbraucher nicht als Saisonverbraucher anzusehen ist, der in der Lage ist, Flüssiggas nur zu solchen Zeiten einzusetzen, in denen gegebenenfalls bei den Produzenten Überschüsse zu Sonderpreisen abgegeben werden.

In Tab. 15 sind die wichtigsten Kennwerte von Flüssiggas-Luft-Mischungen für den Heizwertbereich von 1000 bis 10000 kcal/Nm³ aufgeführt.

Tabelle 15. *Kennwerte von Flüssiggas-Luft-Mischungen*

Heizwert	Flüssiggasgehalt Vol.-%		Dichte kg/Nm³		Dichteverhältnis (Gasdichte) Luft = 1		theoretischer Luftbedarf zur Verbrennung Nm³/Nm³		Wobbezahl $\frac{H_0}{\sqrt{d_v}}$	
kcal/Nm³	Propan	Butan	Propan	Butan	Propan	Butan	Propan	Butan	Propan	Butan
1000	4,48[1]	3,39[1]	1,325	1,329	1,025	1,036	0,110	0,084	1077	1067
2000	8,95[1]	6,78[1]	1,358	1,387	1,050	1,073	1,219	1,168	2130	2095
3000	13,43	10,17	1,390	1,434	1,075	1,109	2,329	2,252	3155	3090
4000	17,90	13,56	1,423	1,481	1,101	1,145	3,439	3,336	4155	4060
5000	22,38	16,95	1,455	1,529	1,125	1,183	4,549	4,399	5135	4990
6000	36,86	20,34	1,438	1,577	1,151	1,220	5,659	5,503	6105	5895
7000	21,33	23,73	1,520	1,624	1,176	1,256	6,768	6,587	7040	6775
8000	35,80	27,12	1,553	1,672	1,201	1,293	7,878	7,671	7965	7640
9000	40,28	30,51	1,585	1,720	1,226	1,330	8,988	8,755	8865	8470
10000	44,75	33,90	1,618	1,768	1,251	1,367	10,097	9,839	9750	9285

[1] Liegt im Zündbereich

c) Anwendung von Flüssiggas als Zusatz zum Stadtgas

Günstiger liegt der Fall beim Einsatz von Flüssiggas zur Spitzendeckung als Zusatz zum Stadtgas, speziell im Winter. Im Winter können manchmal bei den Flüssiggasproduzenten überschüssige Gasmengen vorliegen, die preislich günstiger abgegeben werden. Hinzu kommt noch, daß zusätzliches Gas zur Spitzendeckung durch Ersparung von Investitionen zur Erweiterung bei den Gaswerken und durch seine schnelle Bereitschaft höhere Preise verträgt.

Die Verwendung eines Flüssiggaszusatzes zum Stadtgas zum Zwecke einer bleibenden Erhöhung der Gaslieferung über die Produktionskapazität eines bestehenden Gaswerkes hinaus kommt aus den oben erwähnten Gründen seltener in Frage. Zur Deckung von Verbrauchsspitzen dagegen kann Flüssiggas häufig mit guter Wirtschaftlichkeit eingesetzt werden.

Ein Kubikmeter verdampftes, handelsübliches Butan hat einen oberen Heizwert von rund 30000 kcal/Nm³ und ersetzt somit den Heizwert von rund 7 Nm³ Stadtgas mit einem oberen Heizwert von 4200 kcal/Nm³. Mit diesen Zahlen ist der hohe Wert des Flüssiggases für die Spitzendeckung als Zusatz zum Stadtgas bereits umrissen. Der Einsatz von Flüssiggas als Zumischkomponente bezweckt, Schwachgase (Wassergas oder Generatorgas) bei ausreichender Erzeugermöglichkeit oder Luft, die in unbeschränkter Menge verfügbar ist, auf den Heizwert des Stadtgases zu bringen. Das erforderliche Gasvolumen wird also durch das inerte oder heizwertarme Trägergas, der gewünschte Heizwert durch das Flüssiggas erbracht. Man hat damit die Möglichkeit, bei gleichbleibendem Heizwert des Stadtgases die Gaserzeugung kurzfristig oder über beliebige Zeiträume zu erhöhen.

Das hohe Raumgewicht des Flüssiggases, besonders bei Verwendung von Luft oder Generatorgas als Trägergas, erhöht zwangsläufig das Raumgewicht des Stadtgases. Hierdurch wird bei konstant gehaltenem Heizwert die Wobbezahl herabgesetzt. Die Wobbezahl ist das Verhältnis von Heizwert zur Wurzel des Dichteverhältnisses des Zusatzgases (d.h. Flüssiggas + Trägergas) gegenüber Luft. Zur Erhaltung der Brenneigenschaften dürfen nur geringe Abweichungen der Wobbezahl zugelassen werden. Je höher das Dichteverhältnis des Zusatzgases ist, um so geringer sind somit die prozentualen Gasmengen, die zugesetzt werden können, ohne daß die verbrennungstechnischen Eigenschaften des Stadtgases verändert werden. Folgende Mengen können mit Sicherheit zugesetzt werden:

Tabelle 16

Grundgas	Zusatzgas H_0 = Grundgas	Vol.-% Zusatzgas
Kohlengas + Wassergas H_0 = 4200 kcal/Nm³ dv = 0,47 (Luft = 1)	Wassergas + Flüssiggas Generatorgas + Flüssiggas Luft + Flüssiggas	30 20 10
Kohlengas + Generatorgas H_0 = 4200 kcal/Nm³ dv = 0,525 (Luft = 1)	Generatorgas + Flüssiggas Luft + Flüssiggas	15 10
Ferngas H_0 = 4590 kcal/Nm³ dv = 0,375 (Luft = 1)	Wassergas + Flüssiggas Generatorgas + Flüssiggas Luft + Flüssiggas	30 20 15

Der Tab. 16 liegen folgende Eigenschaften der Armgase zugrunde:

Wassergas H_0 = 2700 kcal/Nm³
dv = 0,56 (Luft = 1)

Generatorgas H_0 = 1100 kcal/Nm³
dv = 0,9 (Luft = 1).

Bei überwiegender Lieferung an Haushaltungen können diese Zusatzmengen überschritten werden. Bei besonderen Verhältnissen kann zum Ausgleich der höheren Dichte der Heizwert des Gases erhöht werden, so daß die Wobbezahl annähernd gleich bleibt. Dieses Verfahren kommt im Ausland vielfach zur Anwendung, wo auch zum weiteren Ausgleich der Brenneigenschaften häufig ein höherer Gasdruck gewählt wird. Als Faustregel für die Festlegung des zulässigen Zumischanteils bei Vermeidung von Schwierigkeiten an den Brennern kann ein maximaler Flüssigkeitsanteil von 5 Vol.-% im Stadtgas angenommen werden.

Das Verfahren der Zumischung von Flüssiggas zum Stadtgas ist denkbar einfach. Das verdampfte Flüssiggas wird dem Trägergas mittels Kompressor oder Venturisystem zugesetzt, wobei ein Heizwertregler für das richtige Mischungsverhältnis sorgt. Das Flüssiggas wird je nach Bedarfsmenge aus Flaschen oder einem stationären Lagertank über einen Verdampfer entnommen.

d) Reformierung von Flüssiggas

Wenn größere Spitzengasmengen erforderlich sind, so besteht die Möglichkeit der Reformierung oder thermischen Spaltung von Flüssiggas. Unter Reformierung versteht man die Umwandlung von gasförmigen Kohlenwasserstoffen mit hohem Heizwert, hoher Dichte und geringer Zündgeschwindigkeit in permanente Gase mit niedrigem Heizwert, geringer Dichte und hoher Zündgeschwindigkeit.

Bekannt ist die Spaltung von Flüssiggas mit Luft, mit Sauerstoff sowie die Dampfspaltung. Außerdem wäre die Spaltung von Flüssiggas im Wassergasgenerator, wie bereits für Erdgas im Ausland angewandt, möglich.

Bei der Spaltung von Flüssiggas muß jedoch in jedem Fall mit einem gewissen Wirkungsgrad der Anlage, der unter 1 liegt, gerechnet werden. Daraus ergibt sich eine gewisse Einbuße bezüglich der Wirtschaftlichkeit, die berücksichtigt werden muß.

6. Verwe ıdung in der Industrie

a) Verwendung in Verbindung mit Sauerstoff

Brennschneiden

Stahl ist ein metallischer Werkstoff, bei dem die Entzündungstemperatur unter dem Schmelzpunkt liegt. Diese an sich wenig geläufige Materialeigenschaft ist es, die das autogene Brennschneiden ermöglicht. Beim Brennschneiden wird der Werkstoff mittels einer Vorwärmflamme auf seine Zündtemperatur gebracht und durch einen feinen Sauerstoffstrahl so verbrannt, daß sich eine schmale Schnittfuge bildet. Der Sauerstoffstrahl dient gleichzeitig dazu, die Schnittfuge von den Verbrennungsprodukten freizublasen. Die Verbrennung des Stahls ist eine exotherme Reaktion, d.h. es wird dabei Wärme frei. Dieses bedeutet, daß die Heizflamme eigentlich bei jedem Schnitt nur einmal zur Einleitung des Verbrennungsprozesses, d.h. zur Entzündung des Stahls erforderlich wäre. Da beim praktischen Schneidvorgang durch Wärmestrahlung und Wärmeableitung erhebliche Wärmemengen verlorengehen, ist zur schnellen Durchführung eines ununterbrochenen Schnittes doch laufend weitere Wärmezufuhr aus der Heizflamme notwendig. Läge, wie bei anderen Metallen, die Entzündungstemperatur des Stahls über der Schmelztemperatur, so wäre lediglich ein Durchschmelzen, aber kein Brennschneiden möglich.

Die Heizflamme hat, wie erwähnt, die Aufgabe, das Material an der Schnittstelle bis auf die Entzündungstemperatur vorzuwärmen, um damit dem Sauerstoffstrahl die Schneidmöglichkeit zu geben und die durch Ableitung und Strahlung bedingten Wärmeverluste auszugleichen. Die Verbrennungswärme des Eisens beträgt je nach Oxydationsstufe zwischen 1145 und 1590 kcal/kg Eisen. Bei der Betrachtung der freiwerdenden Wärmemenge zum Schneiden eines Werkstücks von beispielsweise

Länge = 1,0 m
Stärke = 20 mm
Schnittfugenbreite = 1,5 mm

ist das Gewicht des verbrannten Eisens $G = 0{,}234$ kg. Die Verbrennungsprodukte bestehen aus einem Gemisch von

FeO	–	Fe_3O_4	–	Fe_2O_3
Eisenoxydul	–	Eisenoxyduloxid	–	Eisenoxid

Unter der Annahme, daß die Schlacke sich aus

60% FeO (1155 kcal/kg Fe Bildungswärme)
30% Fe_3O_4 (1593 kcal/kg Fe Bildungswärme)
10% Fe_2O_3 (1752 kcal/kg Fe Bildungswärme)

zusammensetzt, ergibt sich eine mittlere Verbrennungswärme des Eisens von 1339 kcal/kg, so daß die bei der Oxydation ausgelöste Wärmemenge in der Schnittfuge 314 kcal/m Schnittlänge beträgt.

Die Wärme, die durch die Propanflamme zugeführt wird, beträgt bei einer Schnittgeschwindigkeit von 400 mm/min und einem Propanverbrauch von 200 l/h 180 kcal je Meter Schnittlänge, d.h. daß durch die Eisenoxydation 1,75mal soviel Wärme wie aus der Heizflamme frei wird.

Hieraus ergibt sich, daß die Heizflamme für den Schneidvorgang nur eine sekundäre Rolle spielt und im Vergleich zum Schweißen nur einen geringen Einfluß auf den Prozeß hat. Der hauptsächliche Effekt der Heizflamme liegt in der Erwärmung des Stahls beim Anschnitt bis zur Erreichung seiner Entzündungstemperatur.

Oft besteht die Absicht, durch starke Heizflammen die Schnittgeschwindigkeit zu erhöhen. Versuche haben jedoch gezeigt, daß zu starke Heizflammen außer Gasvergeudung tatsächlich geringere Schnittgeschwindigkeiten und angeschmolzene obere Schnittkanten sowie größere Schnittriefennachläufe liefern. Auch hat die Heizflamme neben der Beeinflussung der Schnittgüte einen Einfluß auf die metallurgische Beschaffenheit der Schnittfläche. Eine zu heiße Heizflamme bewirkt eine Härtesteigerung, die für evtl. Nacharbeit abträglich ist. Die Härtesteigerung an den Schnittflächen ist bei Verwendung von Propan als Brenngas je nach Kohlenstoffgehalt des Materials besonders gering.

Daß Propan als Brenngas zum Brennschneiden besonders geeignet ist, soll in den folgenden Ausführungen näher erläutert werden.

Der Inhalt einer normalen in der Industrie üblicherweise verwendeten Flasche beträgt 33 kg. Der niedrige Siedepunkt von – 43 °C sorgt dafür, daß auch bei geringer Außentemperatur jederzeit eine zuverlässige Verdampfung der Flüssigkeit in der Flasche gewährleistet ist. Die Forderung, die an ein brennbares Gas im vorliegenden Fall gestellt wird, ist, daß es mit einer Flamme verbrennt.

Eine Flamme ist eine Gasmischung, in der Wärme durch Verbrennung ausgelöst wird. Die Eigenschaften einer Flamme, die Temperatur, Form und Farbe hängen ab von den Eigenschaften des Brennstoffes, der Brennstoff-Luft-Mischung und dem Brenner. Man unterscheidet zwei unterschiedliche Flammen:

a) Diffusionsflamme. Bei dieser Flamme verbrennt das Gas an einer Rohrmündung im Luftraum. Der Sauerstoff für die Verbrennung wird durch Diffusion der Außenluft in das Gas bzw. in die Flamme hinein aufgenommen.

b) Die Bunsenflamme. Bei dieser Flamme wird der Sauerstoff rein bzw. als Luft anteilig oder in seiner gesamten für die Verbrennung erforderlichen Menge dem brennbaren Gas vor der Flammenbildung im Brennerrohr zugemischt. Diese sog. Bunsenflamme wird praktisch bei allen Industriebrennern angewandt. Sie ist äußerlich daran erkennbar, daß sich auf der Brennermündung ein Kegel bildet, der sich in der Farbe von der übrigen Flamme unterscheidet. Die Verbrennung mit dem vorher zugeführten Sauerstoff findet in einer äußerst dünnen Schicht auf der Oberfläche dieses Kegels statt. Da im allgemeinen nur ein Teil der stöchiometrischen Luft- bzw. Sauerstoffmenge dem Brenngas vorher beigemischt wird, nennt man dieses die Primärverbrennung. Das Gas verläßt diese primäre Verbrennungsfront noch im Stadium der unvollkommenen Verbrennung, d.h. die dahinter liegenden bereits erhitzten Gasbestandteile sind noch brennbar und beziehen ihren restlichen Sauerstoffbedarf durch Diffusion aus der umgebenden Luft. Die sekundäre Verbrennung findet also auf der Oberfläche der Gesamtflamme statt. In beiden Verbrennungszonen werden Wärmemengen ausgelöst, deren Summe den Heizwert des Brenngases ergibt.

Wenn die Austrittsgeschwindigkeit des Gases zu gering ist, kann die Fortpflanzungsgeschwindigkeit der Verbrennung überwiegen, d.h. die Flamme schlägt zurück. Ist dagegen die Austrittsgeschwindigkeit zu hoch, so wird die Flamme fortgeblasen. Die zulässige Austrittsgeschwindigkeit für ein Gas ist also abhängig von seiner Verbrennungsgeschwindigkeit. Damit bestimmt die Fortpflanzungsgeschwindigkeit der Verbrennung als Grundeigenschaft eines Gases die je Zeiteinheit aus einer Brennermündung maximal austretende Gasmenge, wobei diese Fortpflanzungsgeschwindigkeit noch davon abhängig ist, wieviel Primärsauerstoff das Gas enthält. In Abb. 31 ist diese Fortpflanzungsgeschwindigkeit für die Verbrennung in Abhängigkeit von dem Mischungsverhältnis Sauerstoff : Brenngas für das klassische Autogengas Acetylen und für Propan dargestellt und der jeweilige Punkt für das Mischungsverhältnis der Primärflamme eingetragen.

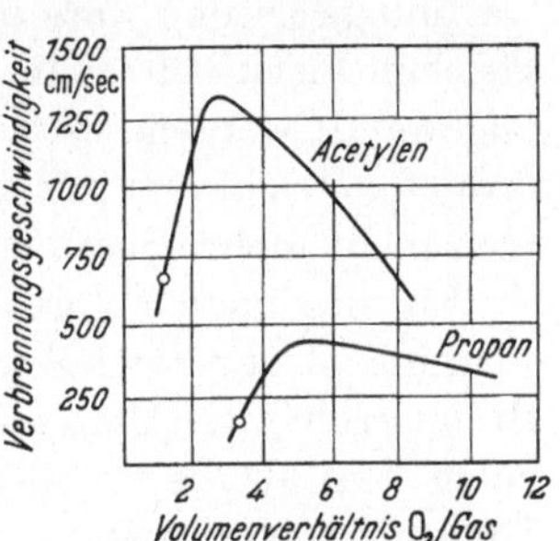

Abb. 31. Verbrennungsgeschwindigkeit in Abhängigkeit von der Sauerstoff-Gas-Mischung

Für Brenner, mit denen eine große Wärmeübertragungsleistung erzielt werden soll, muß also ein Brenngas gefordert werden, das eine möglichst hohe Verbrennungsgeschwindigkeit hat. Wie aus Abb. 31 ersichtlich, würde Propan erheblich hinter Acetylen zurückstehen, wenn es nicht die bereits behandelten Kunstgriffe gäbe, trotz zu hoher Austrittsgeschwindigkeit des Gases die Flamme auf der Brennermündung stabil zu halten.

Die Wärmeleistung einer Flamme ist das Produkt aus Austrittsgeschwindigkeit des Gases in m/sec und dem unteren Heizwert des Gases in kcal/m^3. In einem einfachen Bunsenbrenner beträgt diese Wärmeleistung für Propan nur 2,7 kcal/cm^2 sec gegenüber Acetylen mit 9,5 kcal/cm^2 sec. Durch entsprechende Konstruktion des Brenners ist man jedoch in der Lage, die Wärmeleistung für Propan bis auf 60 kcal/cm^2 sec zu steigern. Man bedient sich hierfür des Prinzips der Flammenstabilisierung, d.h. man umgibt die Hauptflamme, die unstabilisiert durch die hohe Austrittsgeschwindigkeit des Gases an ihrer Mündung fortgeblasen werden würde, mit kleinen Stabilisierungsflämmchen, deren Gasaustrittsgeschwindigkeit so gering ist, daß sie stabil brennen. Diese Stabilisierungsflämmchen unterhalten die Hauptflamme in ihrer Wurzel durch fortgesetzte Zündung, d.h. Vorwärmung der Gas-Sauerstoff-Mischung, und halten sie somit auf der Brennermündung fest. Ein anderes, im Prinzip gleiches Verfahren, ist, die Brennermündung der Hauptflamme in eine mehr oder weniger große Anzahl kleiner Löcher bzw. Bohrungen zu unterteilen. Hierdurch wird der Anteil an durch die Wandreibung mit geringer Geschwindigkeit ausströmendem Gas vergrößert, was im Grunde einer Stabilisierung durch Flammen mit geringer Austrittsgeschwindigkeit gleichkommt. Werden diese Bohrungen leicht konisch nach außen ausgeführt, so kann dadurch die Mündungsgeschwindigkeit weiter verringert werden, was zur Stabilität der Flamme beiträgt.

Solche Maßnahmen dienen dazu, die spezifische Wärmeleistung einer Düse, d.h. die Wärmeleistung je cm^2 des Austrittsquerschnittes einer Düse zu vergrößern. In der Annahme, daß die Heizflamme axial parallel bis zum Auftreffen auf das Material verläuft, sind diese spezifische Wärmeleistung und die Erwärmungsleistung auf dem Werkstück einander gleich. Ein Kunstgriff zur Erhöhung, ja Vervielfachung dieser Erwärmungsleistung wäre die Benutzung mehrerer Flammen, die auf dem gleichen Fleck auftreffen. Dieses Verfahren kann bei Brennschneiddüsen angewandt werden, wenn es gelingt, einen um den Sauerstoffstrahl angeordneten Lochkranz für die Heizflammen so anzuordnen, daß die Flammen nicht mehr achsenparallel austreten, sondern konvergierend.

Ein besonderer Vorteil einer an der Brennermündung stabilisierten Flamme ist der Fortfall jeglicher Neigung zu Flammrückschlägen in das Brennerrohr, weil die Geschwindigkeit innerhalb des Brenners erheblich höher liegt als die Fortpflanzungsgeschwindigkeit der Verbrennung. Die Zone hoher Geschwindigkeit im Brenner setzt also den Verbrennungsrückschlägen eine unüberwindliche Barriere entgegen, die unter Umständen nicht einmal dann überwunden werden kann, wenn die Fortpflanzungsgeschwindigkeit der Verbrennung durch irgendeine Erhitzung des Gases erhöht ist.

Ein wichtiger Faktor in der Autogentechnik ist die Flammentemperatur. Theoretisch müßte die höchste Temperatur vorliegen, wenn Sauerstoff und Brenngas im stöchiometrischen Verhältnis vorgemischt werden. Da jedoch bei Temperaturen ab 1500 °C bereits die Dissoziation der Verbrennungsprodukte beginnt, ist eine Kontinuität des Temperaturanstiegs als Funktion des Mischungsverhältnisses nicht gegeben. Einerseits wird der Heizwert nicht voll ausgenutzt und andererseits verbrauchen die dissoziierten Abgasbestandteile und der dabei frei gewordene Sauerstoff Wärme zu ihrer Erwärmung. Es hat sich gezeigt, daß eine Verringerung der Sauerstoffbeimischung zum Brenngas unterhalb des stöchiometrischen Verhältnisses dadurch zu Temperaturerhöhungen führt, daß man damit praktisch die Dissoziation vorweg nimmt. Wohl liegen noch unverbrannte Bestandteile vor, die erst hinter der primären

Verbrennungsfront mit dem Luftsauerstoff als Diffusionsflamme verbrennen und erst dort den restlichen Heizwert auslösen. Der aus der Dissoziation anfallende freie Sauerstoff fehlt jedoch in der Primärverbrennung und braucht nicht mit erwärmt zu werden. Die folgenden Ausführungen sollen diese Verhältnisse für Propan im Vergleich zu Acetylen deutlich machen.

Vom Gesichtspunkt der Verbrennung unterscheidet man verschiedene Stufen, die im folgenden für Acetylen und Propan dargestellt sind:

1. Sauerstoffmangel, so daß gerade der gesamte Kohlenstoff zu Kohlenmonoxid oxydiert werden kann. Die Verbrennungsprodukte sind an der Grenze atomarer Kohlenstoff (Ruß), Kohlenmonoxid (CO) und Wasserstoff (H_2):

a) für Acetylen:

$$C_2H_2 + 1O_2 = H_2 + 2CO\ [+5100\ \text{kcal}]\ (3100\ °\text{C}),$$

b) für Propan:

$$C_3H_8 + 1{,}5O_2 = 3CO + 4H_2\ (840\ °\text{C}).$$

Die höhere Temperatur bei der Verbrennung von Acetylen gegenüber Propan in dieser Stufe ist durch die Zerfallswärme (negative Bildungswärme) des Acetylens bedingt, die bei der Verbrennung mit ausgelöst wird.

Die bei der Verbrennung von Propan in dieser Stufe entstehende Temperatur von nur 840 °C ist für die Autogentechnik indiskutabel.

2. Sauerstoffmangel, so daß bei der Verbrennung von Propan unter Vorwegnahme der Dissoziation ein Temperaturmaximum entsteht. Es liegt auf der Hand, daß hierbei außer Kohlenmonoxid und Wasserstoff auch noch Kohlendioxid und Wasser entstehen müssen:

$$C_3H_8 + 3O_2 = 2CO_2 + CO + 3H_2 + H_2O\ [+10200\ \text{kcal}]\ (2850\ °\text{C}).$$

Aus diesem Vergleich ergibt sich, daß Acetylen auf Grund seiner Zerfallswärme tatsächlich der ideale Brennstoff für die Autogentechnik ist. Die Primärzone der Sauerstoffflamme liefert eine Temperatur von 3100 °C, die Abgase sind, da sie als Oxydationsprodukt lediglich CO enthalten, auch in Gegenwart von flüssigem Eisen nichtoxydierend und die hohe Zündgeschwindigkeit bietet die Möglichkeit hoher spezifischer Brennerleistungen.

Das Volumenverhältnis für die Primärflamme beträgt

$$\frac{\text{Sauerstoff}}{\text{Acetylen}} \cong \frac{1}{1}.$$

Es ergibt sich aber auch, daß mit Propan ähnliche Verhältnisse mit einer für die Praxis der Autogentechnik völlig ausreichenden Temperatur zu erreichen sind. Jedoch sind im Abgas als Oxydationsprodukte neben H_2 und CO auch CO_2 und H_2O enthalten. Damit ist diese Propan-Sauerstoffflamme in Gegenwart flüssigen Eisens oxydierend.

Das Volumenverhältnis für die Primärflamme beträgt

$$\frac{\text{Sauerstoff}}{\text{Propan}} \cong \frac{3}{1}.$$

Aus Vorstehendem ergibt sich folgendes:

a) Propan ist nicht geeignet zum Schweißen von Stahl, da die Temperatur der zum Schweißen erforderlichen reduzierenden Flamme mit nur 840 °C noch zu gering ist. Wird der Flamme mehr Sauerstoff zugeführt, so enthält das Verbrennungsgas Wasserdampf, durch den das Eisen oxydiert und die Schweißung porös wird.

b) Propan ist ein geeignetes Brenngas für die Schweißung von Nichteisenmetallen, da diese nicht durch Wasserdampf angegriffen werden und auch ihr Schmelzpunkt niedrig liegt.

c) Propan ist geeignet zum Brennschneiden, da der Brennprozeß sowieso Sauerstoff benötigt und die oxydierende Wirkung der Flamme ein Festkleben der Schlacke verhindert.

Wie erwähnt, besteht der Brennschneidprozeß aus zwei getrennten Vorgängen. Zuerst muß der Stahl auf seine Entzündungstemperatur von etwa 1000 °C erhitzt werden. Dieses geschieht mit der Heizflamme. Ist diese Temperatur erreicht, so wird ein Sauerstoffstrahl hoher Intensität auf die erhitzte Stelle gerichtet, mit Hilfe dessen der Stahl in Form einer schmalen Trennfuge verbrennt. Die Sauerstoffmenge, die mit diesem Strahl zugeführt wird, ist etwa doppelt so groß, wie für die Verbrennung der der Trennfuge entsprechenden Stahlmenge erforderlich ist. Etwa die halbe zugeführte Sauerstoffmenge wird zum Freiblasen des Schnittes benötigt. Wird der Brenner mit konstanter Geschwindigkeit weitergeführt, wie dies bei Schneidmaschinen mit mechanisch angetriebenem Vorschub möglich ist, so entsteht eine äußerst saubere und glatte Schnittfläche.

Ein Schneidbrenner besteht somit aus einer Sauerstoffdüse für den Schneidstrahl und einem Düsensystem für die Heizflamme, das im allgemeinen konzentrisch um die Schneiddüse herum als Ringspalt oder Lochkreis angebracht ist. Im Griffrohr des Brenners befindet sich die Mischeinrichtung für das Heizgas mit dem dazugehörigen Sauerstoff in Form eines Injektors und die Zuleitung für den Schneidsauerstoff.

Anfänglich wurden für Propan die gleichen Brennermundstücke wie für Acetylen verwendet. Lediglich die Injektordüsen mußten auf Grund des größeren Sauerstoffbedarfs für Propan gegenüber Acetylen vergrößert werden. Tabelle 17 zeigt eine Gegenüberstellung des jeweils stöchiometrischen und in der Praxis bewährten primären Sauerstoffbedarfs für beide Gase:

Tabelle 17

		Acetylen	Propan
Stöchiometrischer Sauerstoffbedarf	m^3/m^3	2,5	5
Primär-Sauerstoffbedarf	m^3/m^3	1,1	3,1

Es erwies sich als erforderlich, die Sauerstoffdüse im Injektor von beispielsweise 0,6 mm Durchmesser auf 0,9 mm aufzubohren, damit der für Propan erforderliche höhere primäre Sauerstoffbedarf sichergestellt wird.

Für die weitere Betrachtung ist die frei werdende verfügbare Wärme von Interesse, die in Tab. 18 aufgeführt ist.

Tabelle 18

		Acetylen	Propan
Stöchiometrische Verbrennung (H_u)	$kcal/m^3$	13600	21700
Primär-Verbrennung	$kcal/m^3$	5100	10200

Aus dem Verhältnis der bei der primären Verbrennung, also in der aktiven Heizflamme frei werdenden Wärmen ist deutlich ersichtlich, daß gegenüber Acetylen nur rund die halbe Propanmenge benötigt wird, um die gleiche Wärmemenge darzubieten. Da jedoch die Volumeneinheit für Propan die rund 2,8fache Sauerstoffmenge erfordert, liegt das Verhältnis der für die Heizflammen gleicher Wärmeleistung benötigten Sauerstoffvolumen für Acetylen zu Propan wie 1 : 1,4. Diese Verhältnisse haben sich in praktischen Schneidversuchen bestätigt.

In Abb. 31 sind in die Kurven für die Verbrennungsgeschwindigkeit für Acetylen und Propan die Punkte für die in der aktiven Heizflamme vorliegenden Verhältnisse eingetragen. Tabelle 19 führt die Verbrennungsgeschwindigkeit für beide Gase auf.

Tabelle 19

		Acetylen	Propan
Verbrennungsgeschwindigkeit bei stöchiometrischer Verbrennung	cm/sec	1310	450
Verbrennungsgeschwindigkeit bei primärer Verbrennung (Heizflamme)	cm/sec	650	125

Die Verbrennungsgeschwindigkeit des Propans beim Sauerstoffmangel der primären Verbrennung ist also rund ein Fünftel gegenüber Acetylen. Selbst wenn zur Erzielung der gleichen Wärmeleistung für Propan weniger als das Acetylenvolumen benötigt wird, so kann damit die nur auf einem Fünftel liegende Verbrennungsgeschwindigkeit nicht überbrückt werden. Die Propanflamme gleicher Wärmeleistung würde fortgeblasen, wenn man für den Einsatz von Propan nicht zu dem Kunstgriff der Flammenstabilisierung greifen würde. Dieses wird, wie eingangs erwähnt, am einfachsten durch Aufteilung des bei Acetylen üblichen Ringspalts für die Heizflamme in einzelne kleine Kanäle erreicht.

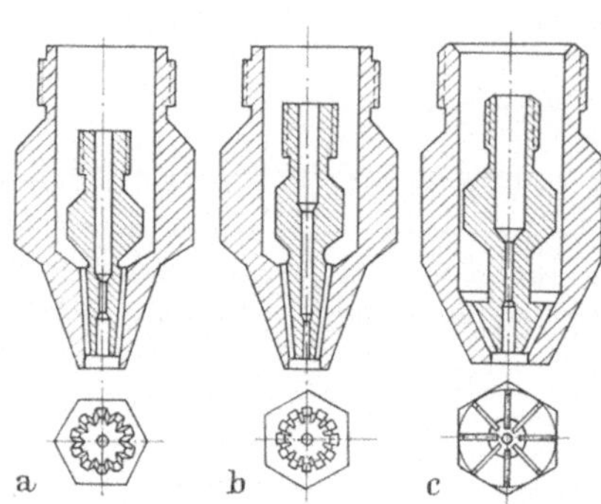

Abb. 32a–c. Brennschneiddüsen für Propan

Abb. 32 zeigt Schnittbilder von Brennschneiddüsen, wie sie für die Verwendung von Propan als Brenngas typisch sind. Der von der klassischen Brennschneiddüse für Acetylen her bekannte Ringspalt für die Heizflamme ist in einzelne Düsen aufgeteilt. Abb. 32a zeigt eine Düsenkonstruktion, bei der die Heizflammen aus dreiecksförmigen Öffnungen heraus brennen. Diese erste erfolgreiche Ausführung brachte bereits sehr gute Ergebnisse.

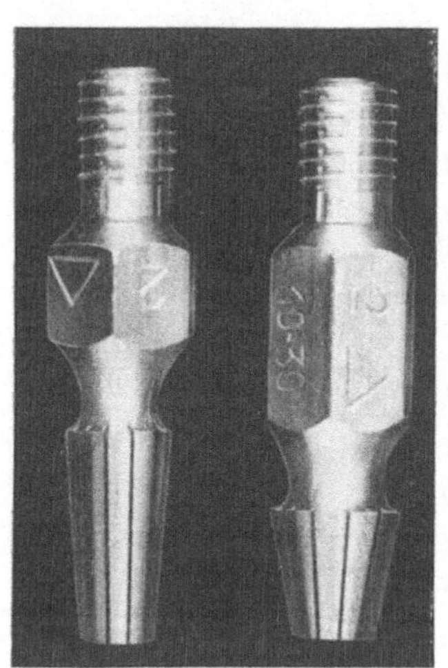

Abb. 33. Einsätze von Propan-Brennschneiddüsen

Eine weiter verbesserte Konstruktion zeigt Abb. 32b, die schmale radiale Schlitze für die Heizflammen aufweist. Hierbei sind die zur Stabilisierung dienenden verlangsamten Randströmungen vermehrt, wodurch die spezifische Wärmeleistung der Düse erhöht werden konnte. Eine weitere Verbesserung ließ sich durch die Konstruktion entsprechend Abb. 32c erreichen. Die radialen Schlitze werden hier in einem stumpferen Winkel zur Achse angeordnet. Die Steifigkeit der aus radialen Schlitzen austretenden Gasstrahlen entgegen Gasstrahlen aus runden oder dreiecksförmigen Löchern läßt erfahrungsgemäß ein konvergierendes Flammenbild zu, das nur wenig durch die Expansionszone in der Düsenmitte nach außen abgeknickt wird.

Abb. 33 zeigt die Einsätze der Düsen b und c bildlich. Die durch Erhöhung der Wärmedichte auf dem Werkstück erzielte Steigerung der Erwärmungsleistung führt zu weiterer Leistungssteigerung dieser Düse. Das Kriterium für die Erwärmungsleistung einer Düsenkonstruktion ist die Zeit, die zur Erhitzung einer 25 mm starken Stahlplatte bis zur Erreichung der Zündtemperatur erforderlich ist. Die Zündtemperatur ist dann erreicht, wenn nach Einschalten des Schneidstrahles ein Loch in das volle Material durchgebrannt werden kann. Diese Anwärmzeit mit einer Heizleistung von 250 l/h Propan beträgt beispielsweise bei

Düse a 19–20 sec
Düse b 14 sec
Düse c 7–8 sec.

Damit konnten auch die anfänglichen Beschwerden über zu lange Anwärmzeiten beim Anschnitt bei Verwendung von Propan behoben werden. Die erhöhte Erwärmungsleistung führt darüber hinaus zu derart gesteigerten Wärmedichten auf dem Werkstück, daß auch Schrägschnitte ohne Schwierigkeit mit Propan ausgeführt werden können.

Brennschneiden großer Materialstärken. Ein Kapitel für sich ist die Technik des Brennschneidens sehr großer Materialstärken, d.h. über 500 mm. Die Vermutung, daß Propan mit seiner durch die geringe Zündgeschwindigkeit bedingten längeren Sekundärflamme hier besondere Vorteile bietet, hat sich nach anfänglichen Irrwegen bestätigt.

Beim Schneiden großer Materialstärken reicht offensichtlich die durch die Heizflamme bewirkte Erwärmung der Oberfläche zur Erzielung eines fortlaufenden Schnittes nicht aus. Ebenso wie beim Schneiden üblicher Wandstärken bei einer Abschaltung der Heizflamme die Verbrennungswärme des Stahls zur Erzeugung des Schnittes nicht ausreicht, sind auch beim Schneiden starker Materialien die Wärmeverluste in der Schnittiefe zu groß, um die für den fortlaufenden Schnitt erforderliche Verbrennung aufrechtzuerhalten. Eine zusätzliche Wärmezufuhr in die Tiefe des Schnittes ist nur mittels einer sehr langen sekundären Heizflamme möglich. Für die Erzeugung solch langer Sekundärflammen ist Propan mit seiner niedrigen Zündgeschwindigkeit besonders geeignet. Als reine Diffusionsflamme mit der Außenluft würden die für die Sekundärverbrennung zur Verfügung stehenden Gase bei Propan immer eine lange Flamme ergeben. Der Sauerstoffstrahl aus der zentralen Schneiddüse versorgt jedoch die Sekundärflamme ebenfalls und wird sie um so mehr verkürzen, je mehr ihm Gelegenheit geboten ist, in die Sekundärflamme einzudringen.

Eine für Luft- bzw. Dampfölzerstäuber bekannte Funktionsformel für die Flammenlänge lautet:

$$L = f\left(\sqrt{\frac{M}{\Delta_v}}\right)$$

L = Flammenlänge
M = Massenstrom
Δ_v = Differenzgeschwindigkeit gegenüber dem Diffusionsmedium.

Dies gilt für die Diffusionsflammen in SM-Öfen.

Eine Übertragung dieser Verhältnisse auf die Brennschneidflamme ist möglich, wenn man den Sauerstoffstrahl als Diffusionsmedium ansieht. Je kleiner der Geschwindigkeitsunterschied der Flamme gegenüber dem Diffusionsmedium ist, um so länger wird die Flamme. Es wäre also verkehrt, zur Erzeugung langer Flammen Sauerstoffstrahlen mit hoher Geschwindigkeit zu verwenden, da dann durch hohe Differenzgeschwindigkeit das Eindringen des Schneidsauerstoffs in die Flammen zu schnell erfolgen und die Flamme zu kurz werden würde. Aus diesem Grund werden beim Brennschneiden starker Materialien relativ geringe Sauerstoffdrücke gewählt. Die lange Sekundärflamme bei Propan ist es auch, durch die besonders gute Paketschnitte möglich werden. Auch hier kommt der Sekundärflamme die Aufgabe zu, in der Schnittiefe Wärme zuzuführen (für das Durchschlagen von Spalten zwischen den einzelnen Blechen besonders wichtig). Ein Übergang auf die oben erwähnten niedrigen Sauerstoffdrücke zur Erzielung extrem langer Flammen scheint jedoch nur bei Schnittiefen ab 500 mm erforderlich zu sein. Während beispielsweise der Druck des Schneidsauerstoffs für Materialstärken von 7 bis 100 mm von

Abb. 34. Brennschneiden an einem Werkstück von 1600 mm Stärke

3 bis 5 atü gesteigert werden muß, hat sich für eine Schnittiefe von 1600 mm ein Druck von nur 1,9 atü bewährt. Erst hierdurch war es möglich, derartige Materialstärken nach dem Brennschneidverfahren wirtschaftlich zu trennen. Abb. 34 zeigt den Schneidvorgang eines solchen Werkstücks.

Fugenhobeln und Blockflämmen

Fugenhobeln und Blockflämmen sind Oberflächenbearbeitungsverfahren von Stahl unter Anwendung des gleichen Prinzips wie beim Brennschneiden, der Verbrennung von Eisen mit Hilfe von Sauerstoff.

Durch das autogene Fugenhobeln ist man in der Lage, ohne Anwendung eines Zerspanungsvorganges in die Oberfläche einer Stahlplatte flache oder tiefe Nuten einzubrennen. Am häufigsten wird dieses Verfahren zum Aushobeln der Wurzelseite von V-Schweißnähten angewandt. Hierdurch werden die in der Wurzel der elektrisch geschweißten V-Naht eingelagerten Schlackenbestandteile und Hohlräume von der Rückseite der Schweißnaht her entfernt. Die ausgehobelte Fuge dient dann zur Aufnahme einer wurzelseitigen Gegenschweißung. Abb. 35 zeigt ein hierfür verwendetes Brennermundstück. Solche Brennermundstücke werden meistens als sog. Blockdüsen ausgebildet, d.h., die Bohrungen für die in diesem Fall häufig nur an einer Seite brennenden Heizflammen und die Bohrung für den Brennsauerstoff sind in einem ungeteilten Düsenkörper untergebracht. Die hierdurch im Anschluß dieses Düsenkörpers am Griffrohr des Brenners erforderliche Doppeldichtung, die eine sichere Trennung des Gas-Sauerstoff-Gemisches vom Brennsauerstoff gewährleistet, ist, wie in Abb. 35 dargestellt, in Form eines Konus mit Ringnut ausgeführt. Zur Erzielung der für den Fugenhobelvorgang erforderlichen geringen Geschwindigkeit des austretenden Brennsauerstoffes ist die Sauerstoffdüse stark erweitert ausgeführt. Die Brennerdüse wird beim Fugenhobeln in einem sehr spitzen Winkel zum Werkstück gehalten.

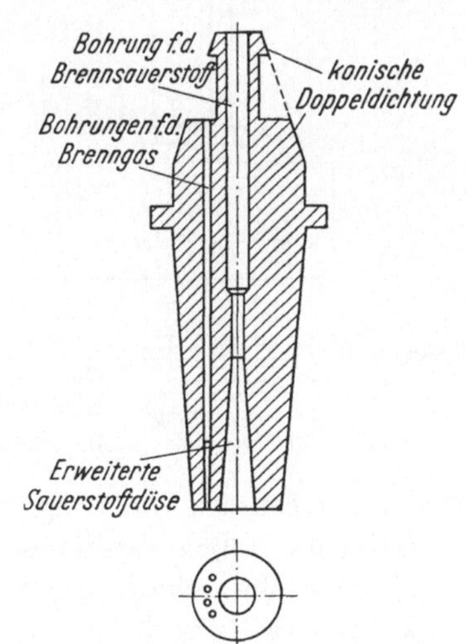

Abb. 35. Blockdüse zum Fugenhobeln

Die Verwendung von Propan zum Fugenhobeln machte anfänglich einige Schwierigkeiten, da mit der einseitig ausgebildeten Düse für die Heizflammen nur unter größeren Schwierigkeiten die für Propan zum Zwecke der Erzielung einer großen Wärmeleistung erforderliche Flammenstabilisierung erreichbar ist. Erst die Entwicklung der selbststabilisierenden Lochdüse entsprechend der Ausführung auf Abb. 38 gab Propan als Brenngas die Möglichkeit, gegen das klassische Gas der Autogentechnik Acetylen zu konkurrieren.

Das Flämmen von Walzblöcken ist praktisch der gleiche Vorgang wie das Fugenhobeln. Es dient zum Aushobeln von Gußfehlern und Rissen an Stahlblöcken vor dem Walzen sowie auch zum völligen Abhobeln der Blöcke auf den Flächen, die später von der Walze berührt werden. Während das Aushobeln von Fehlstellen immer von Hand geschieht, wird das völlige Abflämmen der Blockflächen sowohl von Hand als auch unter Zuhilfenahme eines mechanischen Vorschubes bewerkstelligt.

Die Düsen dieser Flämmbrenner sind als Runddüsen und als Flachdüsen in Breiten bis zu 90 mm ausgebildet. Brenner für mechanischen Vorschub können, da sie nicht von Hand betätigt werden, schwerer ausgeführt sein und werden deshalb häufig mit einem Wasserkühlmantel versehen. Abb. 36 zeigt eine solche Flämmdüse zum Abhobeln ganzer Blockflächen. Inwieweit dieses autogene Verfahren zum Abhobeln wirtschaftlicher ist als ein Zerspanungsverfahren, d.h. Abhobeln oder Abdrehen auf Vierkantdrehbänken, zeigen die folgenden Werte über Flämmleistungen, die der Praxis bei Einsatz von Propan als Brenngas entnommen sind.

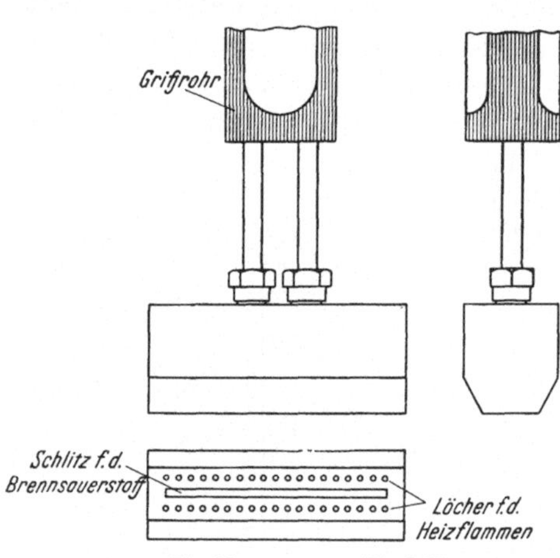

Abb. 36. Flachbrenner zum Blockflämmen

In einem großen westdeutschen Hüttenwerk werden Stahlblöcke von $0{,}5 \times 0{,}5$ m Querschnitt und 1,5 m Länge vor dem Einsatz in das Walzwerk auf zwei Längsflächen geflämmt. An jedem Block muß also eine Fläche von $2 \times 0{,}5 \times 1{,}5 = 1{,}5$ m³ durch Flämmen glattgehobelt werden. Hierfür wird eine Arbeitszeit mit Handflämmbrennern von 2,27 min benötigt, eine Zeit, die mit einem Zerspanungsverfahren nie erreichbar wäre. Interessant ist der dabei benutzte Flämmvorschub von Hand. Da jede Seite des Blockes von 0,5 m Breite und 1,5 m Länge mit 10 parallelen Flämmstrichen bearbeitet werden muß, ergeben sich für jeden Block 20 Flämmstriche von 1,5 m Länge, also eine gesamte Flämmlänge von 30 m in 2,27 min, und somit ein Bearbeitungsvorschub von $30/2{,}27 = 13{,}2$ m/min. Diese Vorschubgeschwindigkeit läßt die Wirtschaftlichkeit des autogenen Flämmverfahrens gegenüber einem Zerspanungsvorgang deutlich werden.

Der Vorschub beim Abflämmen der Blockflächen wird durch die Geschwindigkeit der vor dem Brenner herfließenden Schlacke bestimmt. Dieser durch den Sauerstoffstrahl vor dem Brenner hergetriebene flüssige

Schlackenwulst darf nicht überholt werden. Wichtig für einen schnellen Schlackenfluß ist hierbei mehr die Schräglage des Brenners als, wie meistens vermutet, die Temperatur der Heizflamme. Die Heizflammen dienen auch hier wie beim Brennschneiden überwiegend nur zur Einleitung des Brennvorganges, während die wesentlichere Wärmeerzeugung durch die exotherme Reaktion des Eisens mit dem Brennsauerstoff erfolgt.

Zur Beschleunigung der Anfangszündung sind Brenner zum Handflämmen häufig mit einem in die Heizflamme hineinragenden Zünddraht versehen. Auf Grund seiner gegenüber dem Walzblock geringeren Materialstärke wird dieser Draht besonders schnell auf die Zündtemperatur erhitzt und beschleunigt bei Berührung mit dem Block so den Anschnitt.

Schweißen von Nichteisenmetallen

Beim autogenen bzw. Gasschmelzschweißen werden zwei Metallteile miteinander verbunden, indem sie über ihre Schmelztemperatur erhitzt werden. Gleichzeitig wird mit Hilfe eines Schweißdrahtes aus dem gleichen Werkstoff wie die miteinander zu verschweißenden Teile etwas geschmolzenes Material zugesetzt, mit dem Ziel, eine weitgehend homogene Verbindung zu bilden. Das Grundprinzip der Gasschmelzschweißung besteht in der Zufuhr von so viel Wärme, daß die Schmelztemperatur erreicht wird. Ein wesentlicher Faktor ist die Art der Flamme. Die Schweißflamme soll reduzierend bis neutral sein, damit eine Oxydation der Schmelze vermieden wird. Hier liegt ein grundsätzlicher Unterschied gegenüber dem Brennschneiden vor, bei dem die Oxydation, d.h. die Verbrennung des Stahls die Hauptrolle spielt.

Die Schweißung von Stahl mit der Propan-Sauerstoff-Flamme ist nicht möglich, da, wie bereits ausgeführt, diese Flamme durch die Anwesenheit von Kohlensäure und Wasserdampf in den Verbrennungsprodukten oxydierend ist. Die Temperatur der neutralen Propan-Sauerstoff-Flamme beträgt 840 °C, ist also für eine Stahlschweißung nicht heiß genug. Für das Gasschmelzschweißen von Stahl ist nur die Acetylenflamme geeignet, da für dieses Gas die neutrale Flamme gerade mit der maximalen Flammentemperatur zusammenfällt. Nichteisenmetalle dagegen sind auch mit Propan, Stadtgas oder Wassergas schweißbar, weil:

1. der Schmelzpunkt niedriger ist als bei Stahl, wie die Tab. 20 auf nächster Seite zeigt,

2. Reduktionsmittel als Zusatz verwendet werden, die die Metalloxide binden und in eine schmelzbare Schlacke, die auf der Schmelze schwimmt, überführen. Diese sog. Flußmittel erlauben sogar die Verwendung einer oxidierenden Flamme.

Tabelle 20

Werkstoff	Zusammensetzung	Spez. Gew. 20 °C	Schmelzpunkt °C	Spez. Wärme kcal/kg, °C	Wärmeleitfähigkeit cal/cm, sec, °C
Aluminium		2,69	660	0,225	0,50
Kupfer		8,93	1084	0,094	0,89
Blei		11,34	327	0,033	0,08
Messing I	70% Cu, 30% Zn	8,53	920–950	0,092	0,26
Messing II	60% Cu, 40% Zn	8,40	900–905	0,092	0,19
Bronze (Walz)	94% Cu, 6% Sn	8,74	985	0,090	0,19
Bronze (Guß)	90% Cu, 10% Sn	8,70	815–970	0,086	0,10
Stahl		7,80	1400	0,125	0,11

Schweißen von Aluminium. Aluminium ist immer mit einer Oxidhaut überzogen, deren Eigenschaften für einen Schweißvorgang unerwünscht sind. Die Schmelztemperatur des Aluminiumoxids liegt bei 2000 °C, also rund dreimal so hoch wie die Schmelztemperatur des reinen Aluminiums. Außerdem ist es nicht durch die Schweißflamme reduzierbar. Dabei ist Aluminiumoxid spezifisch schwerer als Aluminium. Diese Eigenschaften werden durch ein gutes Flußmittel überwunden, das mit dem Aluminiumoxid reagiert und neue Oxidbildungen während des Schweißvorganges verhindert. Ein solches Flußmittel muß einerseits eine Schmelztemperatur haben, die niedriger als die des Aluminiums ist, damit der Angriff auf die Oxidhaut erfolgt, bevor der Schmelzvorgang beginnt und andererseits im geschmolzenen Zustand spezifisch leichter sein als Aluminium, so daß es auf der Oberfläche der Schmelze schwimmt und diese so gegen den Luftsauerstoff abschirmt. Die im folgenden aufgeführten Zusammensetzungen haben sich für Aluminiumschweißungen mit Propan gut bewährt.

Tabelle 21

Bestandteil	I	II
Lithiumchlorid	min 15%	0–30%
Kaliumchlorid	min 45%	0–60%
Kaliumfluorid	min 7%	5–15%
Kaliumbisulfat	min 3%	–
Natriumchlorid (Kochsalz)	Rest	Rest

Wegen der korrodierenden Wirkung solcher Flußmittel auf Aluminium muß die Schweißung gründlichst mit warmem Wasser und 10%iger Salpetersäure abgebürstet und anschließend mit Wasser nachgespült werden. Die Wärmeleitfähigkeit von Aluminium ist etwa fünfmal so groß wie die von Stahl. Auch die spezifische Wärme ist etwa doppelt so hoch, verglichen mit Stahl. Die Folge hiervon ist, daß der

Wärmebedarf zum Schweißen von Aluminium trotz der niedrigeren Schmelztemperatur höher ist als bei Stahl.

Die Festigkeit von mit Propan hergestellten Aluminiumschweißungen ist Acetylen- bzw. Argonarc-Schweißungen oder Lichtbogenschweißungen praktisch gleichwertig.

Zur Gasschmelzschweißung von Aluminium mit Propan wird der gleiche Brenner wie für Acetylen verwendet. Da eine weiche Flamme gefordert wird, reicht die Leistung eines normalen Brenners aus, so daß keine Sonderkonstruktionen erforderlich sind.

Im allgemeinen wird zum Schweißen von Aluminium die nächstgrößere Düse verwendet als für Stahl gleicher Materialstärke, da der Wärmeverbrauch infolge der hohen Wärmeleitfähigkeit höher ist. Aus dem gleichen Grunde ist es zweckmäßig, eine Sauerstoff-Gas-Verhältnis von 3,5 : 1 zu wählen, wobei bewußt die oxydierende Wirkung der Flamme gesteigert wird, was jedoch in Anbetracht der Verwendung von Reduktionsmitteln ohne nachteilige Wirkung ist.

Ebenso wie im Zusammenhang mit der Heizflamme beim Brennschneiden darf aus dem höheren Verbrauchsverhältnis von Sauerstoff zu Propan gegenüber Acetylen nicht gefolgert werden, daß der Übergang auf Propan als Brenngas zu einem entsprechend höheren, d.h. 3,5fachen Sauerstoffverbrauch beim Schweißen führt. – Da mit der Primärflamme des Propans gegenüber Acetylen die doppelte Wärmemenge je Volumeneinheit Brenngas dargeboten wird, beträgt für den gleichen Effekt der Propanverbrauch nur die Hälfte gegenüber Acetylen. Damit halbiert sich auch der Sauerstoffverbrauch, so daß nur mit einem etwa 1,75fachen Sauerstoffverbrauch für Propan gegenüber Acetylen zum Schweißen gerechnet werden muß.

Beim Schweißvorgang soll der Flammenkegel nicht weiter als 3 mm vom Material entfernt gehalten werden. Außerdem ist die Flamme direkt auf die zu verschweißende Fuge zu richten, so daß beide Schweißkanten und der Schweißstab gleichzeitig aufgeschmolzen werden. Jegliche Seitwärtsbewegung des Brenners ist zu vermeiden, damit die erhitzte Zone auf eine geringste Ausdehnung beschränkt bleibt.

Erfahrungsgemäß sind die Schweißkosten für Aluminium mit Propan und Entwickleracetylen bis zu einer Blechstärke von 6 mm preislich praktisch gleich. Für größere Blechstärken sind die Schweißkosten, bestehend aus Brenngas- und Sauerstoffkosten, sowie Arbeitszeit bei Verwendung von Entwickleracetylen geringer. Flaschenacetylen ist in jedem Fall teurer als Propan.

Schweißen von Kupfer. Die Gasschmelzschweißung von reinem Kupfer ist wegen der schädlichen Einwirkung von Kupferoxiden nur mit geeigneten Flußmitteln möglich. Da die Wärmeleitfähigkeit von Kupfer fast neunmal so groß ist wie die des Stahls, müssen die Brenner um zwei Nummern größer gewählt werden als für Stahl gleicher Materialstärke.

Besonders schädlich ist der Einfluß von Wasserstoff aus der Schweißflamme, da dieser vom erhitzten Kupfer aufgenommen und im Verlaufe des Erkaltens wieder abgegeben wird. Hierdurch bildet sich ein poröses schwammartiges Gefüge, das die Festigkeit der Schweißung erheblich herabsetzt. Aus diesem Grunde ist es zweckmäßig, Kupferschweißungen durch Hämmern zu verdichten. Hierfür werden meistens die Kanten der aus diesem Grunde stark überhöht geschweißten Nähte abgemeißelt und dann der mittlere Wulst auf einer festen Unterlage weggehämmert.

Die Verwendung von Propan als Brenngas zum Schweißen von Kupfer ist ohne weiteres möglich. Die gegenüber Acetylen hierbei auftretende oxydierende Eigenschaft der Schweißflamme wird durch die sowieso notwendige Verwendung von reduzierenden Flußmitteln unschädlich gemacht. In den meisten Fällen sollte jedoch statt einer Schweißung von Kupfer einer Lötung der Vorzug gegeben werden.

Kupfer-Zinn-Legierungen (Bronze) und Kupfer-Zink-Legierungen (Messing) sind ohne jegliche Schwierigkeiten in gleicher Weise mit Propan und Acetylen schweißbar. Dies ist einerseits darauf zurückzuführen, daß keine Kupferoxide vorliegen und andererseits, daß die Aufnahmefähigkeit dieser Legierungen für Wasserstoff erheblich geringer ist.

Propan hat sich besonders zur Schweißung von Blechen bis 3 mm Stärke bewährt, während für solche Bleche aus reinem Kupfer aus den oben geschilderten Gründen eine Lötung vorzuziehen ist.

Hartlöten

Der Deutsche Verband für Schweißtechnik hat folgende Begriffsbestimmung für das Löten geschaffen:

„Beim Löten werden die Verbindungen oder Ergänzungen durch metallische Zusatzstoffe bei Arbeitstemperaturen unterhalb der Schmelzpunkte der zu verbindenden oder ergänzenden Werkstücke hergestellt. Unter Arbeitstemperatur wird dabei die Temperatur verstanden, die das Werkstück an der Lötstelle mindestens erreicht haben muß, damit das Lot fließen bzw. verlaufen kann."

Die zu verbindenden Werkstücke werden somit nicht angeschmolzen. Der Zusatzwerkstoff oder das Lot hat also einen tieferen Schmelzpunkt und eine andere Zusammensetzung als die zu verbindenden Werkstücke.

Die Unterscheidung zwischen Hartlöten und Weichlöten ist durch die Arbeitstemperatur gekennzeichnet. Während die Bezeichnung Weichlöten für Arbeitstemperaturen unterhalb 380 °C gilt, werden Lötverbindungen bei über 427 °C als Hartlötung bezeichnet. Diese Unterscheidung wurde in England geschaffen mit den Temperaturen unter 700 °F bzw. über 800 °F.

Die metallurgischen Vorgänge beim Löten sind noch nicht restlos geklärt. Die Verbindung kommt zweifellos sowohl durch eine Diffusion der Metalle an den Grenzflächen als auch durch die Wirkung von Atom- bzw. Molekularkräften infolge der innigen Berührung zustande. Häufig können Grenzflächendiffusionen durch die Bildung von unerwünschten Mischkristallen allerdings nachteilig sein. – Auf jeden Fall spielt die Benetzbarkeit des Werkstückes durch das Lot eine ausschlaggebende Rolle. Nach „Umstätter“ ist die Benetzbarkeit zweier Stoffe und ihre Löslichkeit um so größer, je genauer ihre thermischen Schwingungsfrequenzen der Oberflächenatome bzw. -moleküle übereinstimmen. Metalle, die in der Frequenzreihe nahe beeinander stehen, benetzen sich gut, wie Kupfer/Zinn, Kupfer/Zink, Kadmium/Silber oder Blei/Zinn, nicht aber solche, die in der Frequenzreihe weiter voneinander entfernt sind, wie z.B. Quecksilber/Eisen. Hiernach stehen auch Benetzungsfähigkeit und Löslichkeit miteinander in Beziehung.

Die Arbeitstemperatur, die zur Erzielung einer guten Benetzung weder hoch noch zu niedrig gewählt werden darf, ist von der Auswahl und Zusammensetzung des Lots abhängig. Bei diesen Zusatzwerkstoffen handelt es sich im allgemeinen um eutektische Legierungen. Da eine Lötverbindung nur dann zustande kommt, wenn die Metallpaare sich ohne Oxid- oder andere Zwischenschichten vollkommen benetzen, so daß die Atomgitter des Werkstückes und des flüssigen Zusatzwerkstoffes sich berühren, müssen auch hier Fluß- bzw. Reduktionsmittel angewandt werden.

Als Lötwerkzeug für Hartlötungen wird auch für Propan der normale Schweißbrenner verwandt. Es ist zweckmäßig, bei Hartlötungen, bei denen sowieso die maximale Temperatur gefordert wird, mit einem gewissen Sauerstoffmangel zu arbeiten. Das Sauerstoff-Propan-Verhältnis liegt in der Größenordnung von 2,8 : 1. Aus dem gleichen Grunde ist der Brennerabstand vom Werkstück etwas größer zu wählen. Auf jeden Fall muß jedoch auf die von der Lieferfirma des Lots angegebene Arbeitstemperatur Rücksicht genommen werden.

Aufspritzen von Metallen

Das Prinzip des Metallspritzverfahrens besteht darin, das aufzuspritzende Metall in feine Teilchen zu zerstäuben und auf die Werkstückoberfläche aufzubringen. Hierzu ist es erforderlich, die Metallteilchen in einen verformungsfähigen Zustand zu überführen, da sonst keine Schichtbildung zustande kommt. Deshalb wird der zu verspritzende Werkstoff zunächst in einer Heizvorrichtung, im allgemeinen einer Brenngas-Sauerstoff-Flamme, geschmolzen, durch einen Preßluftstrahl zerstäubt und so auf die Werkstückoberfläche aufgetragen. Abb. 37 zeigt die übliche Einrichtung zum Aufheizen und Zerstäuben des Metalles. Der Draht aus dem Spritzwerkstoff wird kontinuierlich durch ein elektrisch oder noch häufiger mit Preßluft angetriebenes Reibräderpaar vorgeschoben und bei seinem Eintritt in die Flamme aufgeschmolzen. Für den richtigen Ablauf des Metallspritzvorganges ist es notwendig, die Vorschubgeschwindigkeit des Drahtes den Arbeitsbedingungen anzupassen. Aus diesem Grunde sind die Drahtvorschubgetriebe häufig so eingerichtet, daß sie in bestimmten Grenzen eine Änderung der Vorschubgeschwindigkeit ermöglichen.

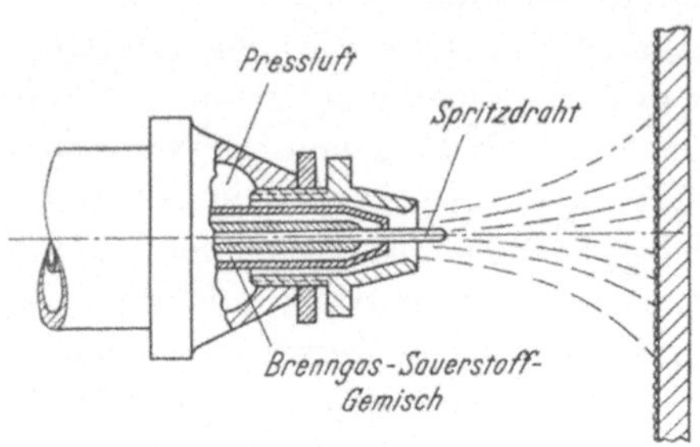

Abb. 37. Metallspritzen mit Preßluft

Untersuchungen von KOCH und ADAMS haben gezeigt, daß die Metalltröpfchen in hochplastischem Zustand auf das Werkstück auftreten. Die Form der Spritzteilchen kann bei Stahl als Spritzwerkstoff etwa als Hohlkugel bezeichnet werden. Während die Außenhaut überwiegend aus Oxiden besteht, bildet sich im Innern ein mehr oder weniger großer metallischer Kern.

Diese Hohlkugel entsteht dadurch, daß die Teilchen sofort, nachdem sie durch den Preßluftstrom von der Drahtspitze abgerissen werden, infolge des Sauerstoffgehalts der sie umgebenden Gashülle oxydieren. Die dabei eintretende Frischwirkung setzt den Kohlenstoffgehalt des Drahtwerkstoffes für jedes einzelne Teilchen herab, indem der Kohlenstoff zu Kohlenoxid unvollkommen verbrennt, d.h. oxydiert wird. Das Kohlenoxid weitet die Oxidhülle auf und bläst die Teilchen zu einer Hohlkugel auf. Dieser Aufweitungsgrad ist nicht immer einheitlich und hängt in seinem Ausmaß sowohl von der Konstitution der Oxidhaut als auch von der Menge der Kohlenoxidbildung und somit von dem Kohlenstoffgehalt des Drahtwerkstoffes und der im Spritzvorgang verfügbaren Sauerstoffmenge ab. Man hat festgestellt, daß es von Vorteil ist, wenn die Hohlkugeln aufreißen, da hierdurch eine wesentlich bessere und schnellere Verklammerung auf der Spritzschicht ermöglicht wird.

Der bereits von THORMANN 1933 erbrachte Nachweis der Hohlkugelform mit einer mehr oder minder dicken Oxidhaut vor dem Auftreffen auf die Werkstückoberfläche bestätigt die Auffassung, daß die Oxydation der Spritzteilchen während des Fluges und nicht erst auf der Spritzschicht erfolgt. Die Oxydation der Tröpfchen beginnt also sofort, wenn sie in den Bereich oxydierender Gase gelangen. Da im allgemeinen mit einer turbulenten Ausbildung des Spritzstrahles gerechnet werden muß, ist unmittelbar hinter dem Schmelzvorgang ein Zutritt der Preßluft zu den Spritzteilchen gegeben. Diese mit der Preßluft zur Verfügung stehende Sauerstoffmenge ist so groß, daß dadurch ein evtl. oxydierender oder reduzierender Einfluß der Flamme in seiner Auswirkung bedeutungslos auf die Oxydation der Spritzteilchen ist. Die Einstellung der Flamme hat also nicht nach dem Gesichtspunkt oxydierend bzw. reduzierend zu erfolgen, sondern im Sinne der Erzielung einer möglichst hohen Flammentemperatur. Damit liegt das Sauerstoff-Propan-Verhältnis ebenso wie bei der Schweißflamme, d.h. in der Größenordnung von 3:1. Der leicht oxydierende Einfluß der Propan-Sauerstoff-Flamme, der das Schweißen von Stahl verhindert, hat beim Metallspritzen keinen nachteiligen Einfluß, kann sogar im Sinne der Zersprengung der hohlkugelförmigen Tröpfchen von Vorteil sein.

Um die durch Oberflächenoxydation der Spritzteilchen bewirkte Inhomogenität des Spritzgefüges zu verbessern, besteht das Bestreben, nicht Luft, sondern ein inertes Gas zum Transport der Metalltröpfchen zu verwenden. Es liegt nahe, hierfür die Abgase der Verbrennung zu verwenden, indem man den Schmelzvorgang des Drahtes in einer Druckbrennkammer vor sich gehen läßt. Nach diesem Verfahren hergestellte Spritzschichten haben bereits sehr erfolgversprechende Ergebnisse gebracht. Die prinzipielle Ausführung einer solchen Druckschmelzkammer zum Metallspritzen zeigt Abb. 38. Auch hier erfolgt der Drahtvorschub mechanisch. Der Schmelzvorgang in der mittels Luft oder Sauerstoff gekühlten Brennkammer, erfolgt unter dem Einfluß der Verbrennung von Propan mit Sauerstoff bzw. Luft je nach der geforderten Schmelztemperatur. Die unter Druck stattfindende Verbrennung liefert ein Abgasgemisch, das die Metallspritzteilchen zur Werkstückfläche transportiert. Neben einer Verringerung der Oxydation ist die Transportgeschwindigkeit der Tröpfchen für ihre Temperatur beim Auftreffen von Bedeutung. Es konnte beobachtet werden, daß die Tröpfchen die Brennkammer mit mehrfacher Schallgeschwindigkeit verlassen und einen scharf abgegrenzten parallelen Spritzstrahl ergeben. Ein weiterer Vorteil dieses

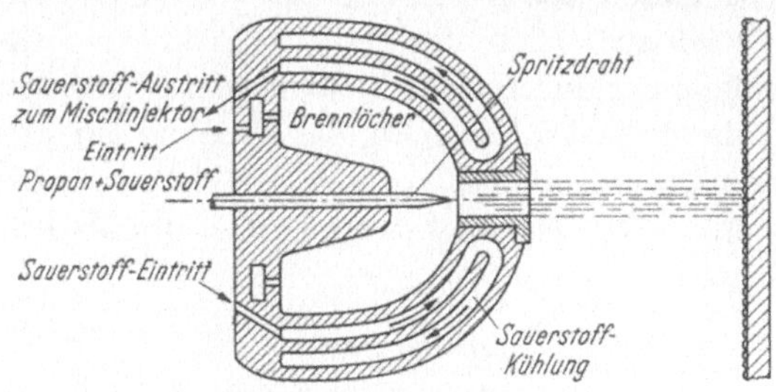

Abb. 38. Metallspritzen mit Verbrennungsabgas

Verfahrens ist darin zu sehen, daß die Tröpfchen nicht durch den kalten Preßluftstrom gekühlt werden, da sie von den heißen Verbrennungsgasen transportiert werden und mit erheblich höherer Temperatur auf das Werkstück auftreffen, wodurch eine dichte Schichtbildung gewährleistet ist. Für dieses neuartige Metallspritzverfahren hat sich Propan als Brenngas besonders gut bewährt. Von Wichtigkeit bei diesem Verfahren ist, daß das Propan durch einen Injektor mittels der Verbrennungsluft oder des Verbrennungssauerstoffes dem Brenner zugeführt wird. Bei einem Brennkammerdruck von 3,5 atü muß mit einem Gaseintrittsdruck von 4,5 atü gerechnet werden. Da Preßluft im allgemeinen mit einem Druck von 6 atü aus der Kompressoranlage zur Verfügung steht, muß der Entnahmedruck aus dem Propanflaschenregler mindestens 3 atü betragen. Dieser Druck ist bei einer Flüssiggasqualität mit mindestens 80 bis 90% Propangehalt praktisch immer verfügbar. Bei reinem Propan ist dieser Flaschendruck von 3 atü noch bei -5 °C gewährleistet.

Besonders erfolgversprechend ist dieses neue Verfahren zum Aufbringen korrosionsschützender Metallschichten aus Aluminium und Blei. Auch Edelstahlschichten lassen sich nach diesem Verfahren aufspritzen. Hierfür besteht noch zusätzlich die Idee, den Schmelzvorgang des Drahtes in der Brennkammer durch einen elektrischen Lichtbogen zu bewerkstelligen, wobei dann die Verbrennung des Propans nur den Zweck hat, das zur Verspritzung und zum Transport der Metalltröpfchen erforderliche Druckgas zu liefern. Dieses Druckgas ist dann als Schutzgasatmosphäre anzusehen.

Anwärmen

Für das Anwärmen mit der Propan-Sauerstoff-Flamme galt es, anfänglich erhebliche Schwierigkeiten in bezug auf die geforderte Wärmeleistung zu überwinden. Die Flammenstabilisierung mußte zur Überwindung der niedrigen Zündgeschwindigkeit auf ein äußerstes Maß getrieben werden. Die höchste Forderung wird an Brenner zum Richten von Blech gestellt, mit denen eine extrem hohe Erwärmungsleistung auf einer kleinen Fläche des Bleches erzielt werden muß. Das zu richtende Blech darf nur auf der Oberfläche so hoch erhitzt werden, daß in dieser sich unter dem Einfluß, den der nichterhitzte tiefer unter der Oberfläche liegende Werkstoff einer Wärmedehnung entgegensetzt, durch Stauchung eine Schrumpfspannung bildet, die bei Abkühlung das Blech um die Erhitzungsstelle nach oben abbiegt. Die Erhitzung bewirkt also eine Beanspruchung der Blechoberfläche über seine Streckgrenze hinaus, wenn sie schneller erfolgt als die Wärmeleitung in die Tiefe des Materials. Anfänglich erschien diese Forderung mit einem Propanbrenner unerreichbar, da alle Stabilisierungsmaßnahmen nicht zu der geforderten Wärmeleistung führten. Erst die Einführung von radialen Schlitzen für die Propan-Sauerstoff-Flammen (Abb. 39) brachte hier wie beim Schneidbrenner die Möglichkeit, durch Erhöhung der Erwärmungsleistung so hohe und schnelle örtliche Erhitzungen der Werkstoffoberfläche zu erreichen, daß die zur Richtwirkung geforderte Materialstauchung auftrat. Bedauerlicherweise ist es jedoch auch bei radialen Flammenschlitzen nicht möglich, den konvergierenden Winkel, den diese Schlitze bilden, mit der Flamme ohne Knick fortzusetzen.

Die zwischen den Flammen liegende Zone wird immer durch Erwärmung und Expansion die Flammen etwas entgegen ihrer Austrittsrichtung auseinanderdrücken. Während die konvergierende Stellung der Flammen beim Schneidbrenner nicht bis zum äußersten, d.h. bis zum Zusammenlaufen in möglichst einen Punkt auf der Werkstückoberfläche getrieben werden durfte, da die Flammen keinesfalls den zentralen

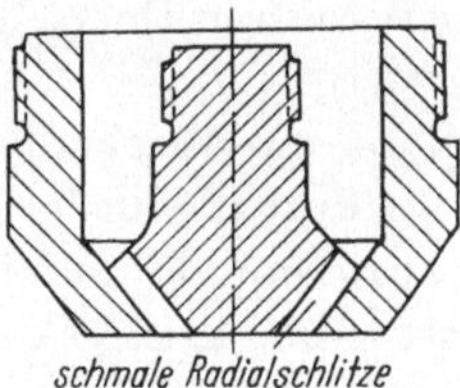

Abb. 39. Anwärmdüse mit Radialschlitzen

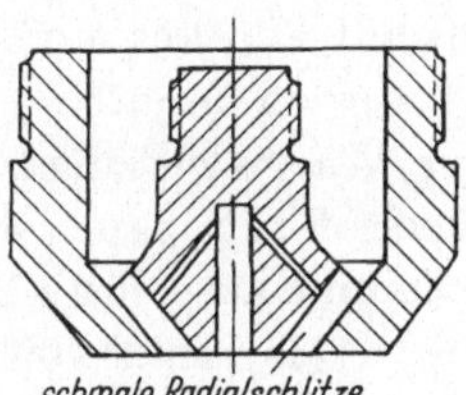

Abb. 40. Richtdüse mit Radialschlitzen und Absaugung

Sauerstoffstrahl berühren oder gar abdecken durften, ist es für den Richtbrenner doch im Interesse einer extremen Erwärmungsleistung erwünscht. Eine neue Brennerentwicklung scheint jedoch in dieser Richtung bahnbrechend zu sein. Ausgehend von der Tatsache, daß sich im Flammenzentrum eine unerwünschte Expansionszone bildet, lag die Idee nahe, diese zentral durch den Brenner abzusaugen. Eine solche Absaugung nach außen würde jedoch zu unbeherrschbaren Wärmebeanspruchungen in der Absaugeeinrichtung führen. Am einfachsten erwies es sich, die Absaugung durch den Gasstrom vor dem Düsenaustritt zu bewirken, also durch eine Injektorwirkung. Abb. 40 zeigt eine solche Konstruktion einer Anwärm- bzw. Richtdüse schematisch.

Mit solchen Düsen lassen sich extrem hohe Erwärmungsleistungen erreichen, die allen Forderungen selbst für das Richten von Trägern und Spundwandeisen gerecht werden.

Entrosten

Das in Konkurrenz zum Sandstrahlen vielfach ausgeübte Verfahren des Flammenentrostens besteht in einer sehr intensiven Oberflächenerhitzung des rostigen Werkstücks. Hierdurch wird die Rostschicht rein mechanisch durch ihre unterschiedliche Ausdehnung gegenüber dem weniger erhitzten metallischen Untergrund abgesprengt. Es handelt sich also auch hier um die Forderung nach extrem hohen Erwärmungsleistungen, die nur durch entsprechende Stabilisierung im Verein mit dem Zusammentreffen der Wärmedarbietung mehrerer Flammen in einem Punkt zu erreichen ist. Da hierfür Reihenbrenner mit einer kammförmigen Anordnung der Flammen gefordert werden, galt es, mit einer einfachen Lochdüse eine möglichst hohe Wärmeleistung zu erreichen. Eingehende Entwicklungen mit Lochdüsen von 1 mm Durchmesser der verschiedensten Ausführungsformen führten zu dem Ergebnis, daß die spezifische Wärmeleistung einer Düsenausführung nach Abb. 41 von 19,5 kcal/cm²sec durch rein empirische Verbesserung der Düsenausführung bis auf 47,5 kcal/cm²sec, bezogen auf den engsten Querschnitt, gesteigert werden konnte.

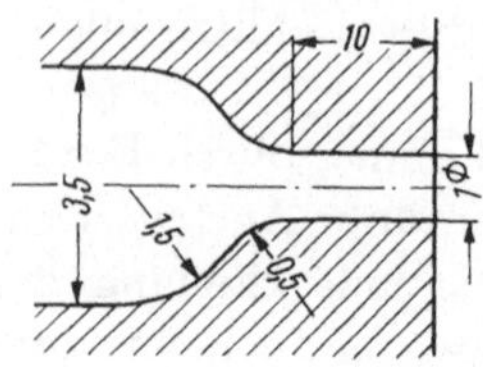

Abb. 41. Einfachste Lochdüse

Diese Wärmeleistungswerte beziehen sich auf ein Mischungsverhältnis Sauerstoff : Propan = 3 : 1. Als Heizwert für Propan wurde die in der Primärflamme ausgelöste Wärme von 10200 kcal/Nm³ als Anteil des Gesamtheizwertes von 21700 kcal/Nm³ eingesetzt. Abb. 42 zeigt die in diesem Zusammenhang entwickelte Konstruktion der optimalen Lochdüse.

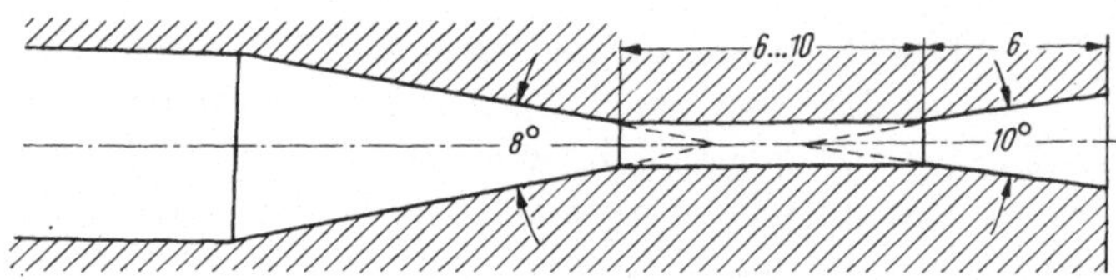

Abb. 42. Optimale Lochdüse

Besondere Merkmale sind folgende Abmessungen, die empirisch aus einer Großzahl von Düsenkonstruktionen mit 1 mm Lochdurchmesser ermittelt wurden:

Einlaufwinkel	8°
Lochlänge	6 – 10 mm
Austrittswinkel	10°
Länge der Erweiterung	6 mm

Die Erweiterung des Düsenaustritts ist sicher nicht als Laval-Düse anzusehen, sondern dient durch die Bildung von Wirbeltoroiden zur Stabilisierung der in ihrem Innern bereits beginnenden Flamme. Die Flamme ist kurz und spitz. Bereits geringe Abweichungen von den aufgeführten Maßen führen zu einer buschigen Flamme.

Da die Erwärmungsleistung einer solchen Flamme ebenso wie bei der Anwärmdüse mit nichtkonvergierenden Flammen für den geforderten Zweck nicht ausreicht, müssen mindestens 3 konvergierende Flammen für jeden Erwärmungspunkt auf dem Werkstück verwendet werden. Abb. 43 zeigt schematisch eine Flammengruppe eines unter diesem Gesichtspunkt entwickelten kammförmigen Entrostungsbrenners.

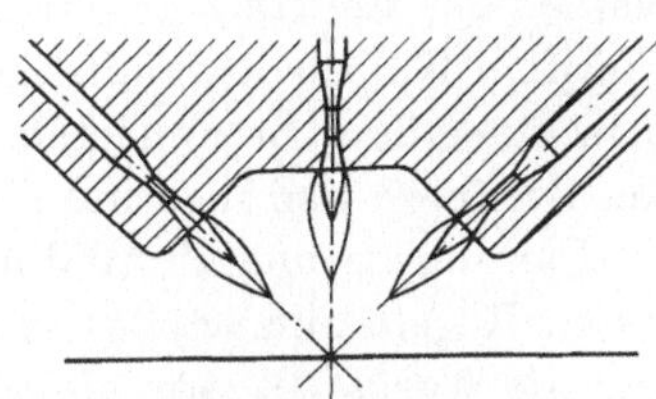

Abb. 43. Flammengruppe eines Entrostungsbrenners

Diese Konstruktion hat sich in der Praxis bestens bewährt und es lassen sich damit optimale Vorschubgeschwindigkeiten erreichen.

Oberflächenhärten

Mit Bezug auf die ursprünglich meist angewandten, beim Autogenschweißen üblichen Hilfsmittel wurde für dieses Härteverfahren die Bezeichnung „autogene Oberflächenhärtung" geschaffen. Nachdem aber im Laufe der Entwicklung die Brenner sich immer weiter von den Bauarten der üblichen Schweißbrenner entfernten und außer Acetylen auch Leuchtgas und Propan eingesetzt wurden, hat sich heute immer mehr die Bezeichnung „Brennhärten" durchgesetzt.

Bei diesem Härteverfahren wird die zu härtende Fläche mit einem Brenner, der mit einem Brenngas-Sauerstoff-Gemisch betrieben wird, örtlich schnell auf Härtetemperatur erhitzt. Durch sofort folgendes Abschrecken wird das Eindringen der Wärme in größere Tiefen verhindert und nur die dem Verschleiß unterliegende Oberfläche gehärtet. Der Kern des Werkstücks bleibt hierbei unbeeinflußt. Die Verwendung von Brennern großer Flammenleistung, mit denen die zu härtenden Werkstücke schnell, örtlich und nur an der Oberfläche erwärmt werden, kennzeichnet daher das Brennhärten und unterscheidet es von Härteverfahren, die mit Öfen arbeiten, in denen ganze Werkstücke durchgehend erwärmt werden.

Aus diesen Gesichtspunkten ergibt sich, daß nur Werkstoffe nach diesem Verfahren zu härten sind, die den zur Härtung erforderlichen Kohlenstoff bereits enthalten. Wohl ist es bereits versucht worden, durch rußende Flammen eine Aufkohlung der Oberflächenschicht zu bewirken. Wegen der für die Erhitzung zur Verfügung stehenden kurzen Zeit müßten solche Brenner jedoch zur Bildung großer Rußwirkung auf einen erheblichen Sauerstoffmangel eingestellt werden. Hiermit wäre eine der Erhitzung abträgliche Minderung der Flammentemperatur verbunden. Allenfalls könnten für dieses Verfahren Doppelbrenner eingesetzt werden, die den Aufkohlvorgang vom Erhitzungsvorgang trennen.

Was die Form der Oberfläche anbetrifft, so muß diese natürlich so gestaltet sein, daß sie mit einem Brenner behandelt werden kann.

Grundsätzlich kann zu diesem Härteverfahren gesagt werden, daß sich wirtschaftlich gesehen damit äußerst günstige Ergebnisse erzielen lassen, da die Härtegeschwindigkeit außerordentlich groß ist bei geringstem Kostenaufwand. Für größere Stückzahlen sind bereits Spezialmaschinen zum Brennhärten mit eingebauten, dem Werkstück angepaßten Brennern und mechanischen Vorschubeinrichtungen im Handel.

Für den Brennerabstand und die Vorschubgeschwindigkeit sind keine festen Regeln aufzustellen, da hierfür der Werkstoff, die Materialstärke und die Werkstückform ausschlaggebend sind. Die für die Abschreckung erforderliche Wassermenge kann überschläglich mit 10 bis 20% der Sauerstoffmenge angesetzt werden.

Als Brenngas ist heute aus preislichen Gründen überwiegend Leuchtgas in Verwendung. Durch Einführung der Flammenstabilisierung ist mit gleichem Ergebnis Propan für dieses Verfahren einzusetzen. Ein Vorteil zugunsten von Propan ist die unveränderliche Beschaffenheit und Reinheit dieses Gases.

Die Brenner zum Flammenhärten wurden in Anlehnung an die im Zusammenhang mit der Entrostung entwickelten verbesserten Lochdüsen geschaffen. Versuche haben gezeigt, daß die Wärmeleistung der Brenner durch Verwendung von Schlitzdüsen weiter gesteigert werden konnte. Statt mit einer siebartigen Lochanordnung werden die Brenner mit einem durchgehenden Flammenschlitz versehen, der jedoch ebenfalls mit einer 10°-Erweiterung zur Flammenstabilisierung ausmündet.

b) Schmelzen und Blasen von Glas

Der fundamentale Faktor bei der Auswahl eines Brennstoffes für einen gegebenen Verwendungszweck ist der Wärmepreis, d.h. der Quotient aus dem Gestehungspreis je kg des Brennstoffes durch den Heizwert. Dieser Wärmepreis wird meistens in Pf/1000 kcal ausgedrückt.

Über den Wärmepreis hinaus gibt es jedoch noch andere wesentliche Faktoren, die die Auswahl eines Brennstoffes mitbestimmen. Diese Faktoren können in manchen Fällen das Verhältnis der Wärmepreise zueinander entscheidend überdecken. Es handelt sich dabei um die Bewertung von physikalischen und chemischen Eigenschaften sowie Aggregatzuständen der Brennstoffe, die häufig nicht zahlenmäßig auszudrücken ist. Im folgenden sind einige dieser über den Wärmepreis hinaus zu berücksichtigenden Faktoren aufgezählt:

1. Verwendungsmöglichkeit des Brennstoffs überhaupt,
2. Einfluß des Brennstoffs auf das zu beheizende Gut (z.B. Schwefelgehalt, Asche usw.),

3. Physikalische Eigenschaften (z.B. Viskosität, Ablauf der Verbrennung, Flammenstrahlung),
4. Aggregatzustand, d.h. fest, flüssig oder gasförmig,
5. Lagermöglichkeit,
6. Transport- und Fördermöglichkeit,
7. Liefermöglichkeit,
8. Handhabung,
9. Sauberkeit,
10. Austauschbarkeit.

Zum Beispiel ist die Verwendung von Heizöl als Brennstoff für die Befeuerung eines Dampfkessels auf Grund der Heizwertrelation nicht immer wirtschaftlicher als Kohle. In Landkesselanlagen reicht die zahlenmäßig zu bewertende Tatsache, daß der Wirkungsgrad einer Heizölfeuerung höher ist als der einer Kohlenfeuerung, manchmal nicht zur Überbrückung des Preisunterschiedes aus. Wenn trotzdem Schiffskessel heute ausschließlich mit Heizöl befeuert werden, so ist hierfür die räumlich günstige Unterbringung des flüssigen Brennstoffes und der geringe Bedienungsaufwand entscheidend. In negativer Richtung kann sich der mögliche hohe Schwefelgehalt der schweren Heizöle auswirken, da dieser durch das Auftreten von Schwefelsäure als Verbrennungsprodukt den Taupunkt der Verbrennungsgase so erhöht, daß die Ausnutzung der Verbrennungswärme durch Senkung der Abgastemperatur auf ein optimales thermisch vertretbares Mindestmaß verhindert wird. Alle diese Faktoren müssen von Fall zu Fall sorgfältig gegeneinander abgewogen werden. So ist beispielsweise der Einsatz von Flüssiggas für eine Kesselfeuerung völlig abwegig, da sein Preis niemals durch andere hervorstechende Eigenschaften gerechtfertigt werden könnte. Auch für die Befeuerung von beispielsweise großen Glasschmelzwannen kommt Flüssiggas selten in Frage, da dieses Anwendungsgebiet keine seiner entscheidenden Eigenschaften in ausreichendem Maße anspricht.

Die einfache und präzise Regulierbarkeit der Zumessung ist jedoch eine der hervorstechenden Eigenschaften eines gasförmigen Brennstoffes. Beim Flüssiggas, sei es Propan oder Butan, kommt noch die praktisch völlige Konstanz des Heizwertes hinzu. Dies ist der Grund, weshalb Flüssiggas häufig für die Feeder der automatischen Preßmaschinen für Hohlglas eingesetzt wird. Die Beheizung der Feeder erfordert eine äußerst genaue Einhaltung der Temperatur der Glasschmelze vor dem Einlauf in die Preßformen.

Kleine Glasmengen, die zur Weiterverarbeitung in der optischen und chemischen Geräteindustrie aufgeschmolzen werden müssen, können mit Propan befeuert werden, wenn damit eine vertretbare Wirtschaftlichkeit gegenüber anderen Brennstoffen erzielt wird.

Besonders Glasbläsereien, die nicht an ein Stadtgasnetz angeschlossen werden können, benutzen heute fast ausschließlich Flüssiggas. Meistens werden die Arbeitsplätze durch eine zentrale Flaschenbatterie versorgt. Die Nachbearbeitung von Glaswaren, so das Absprengen von unerwünschten Teilen nach dem Blasen und das Rundschmelzen von Kanten, wird mit Propan als Brenngas bewerkstelligt. Zur Intensivierung der Flammen wird hier nicht mit atmosphärischen Brennern, d.h. Brennern, die ihre Primärluft selber nach dem Bunsenprinzip ansaugen, gearbeitet, sondern mit Druckluftbrennern, denen die Primärluft durch ein Gebläse zugeführt wird. Solche Brenner haben naturgemäß eine sehr hohe Wärmeleistung und erfordern eine sorgfältig durchgebildete Stabilisierung der Hauptflamme. Man umgibt die Haupt- bzw. Arbeitsflamme aus diesem Grunde mit einem doppelten und auch dreifachen Ring Bohrungen für die Stabilisierungsflämmchen. Der Nachteil solcher Brenner ist ihre schlechte Regulierbarkeit auf kleine Leistungen, wie es beim Blasen von Hand von chemischen Geräten gefordert wird. Aus diesem Grunde werden solche Tischbrenner häufig mit zwei Brennerrohren ausgestattet. Ein kleines Brennerrohr dient für feine Arbeiten und das große Rohr zum Erhitzen und Blasen von größeren Teilen. Eine Zündflamme, die beide Rohrmündungen berührt, ermöglicht das wahlweise Einschalten des gewünschten Brenners.

Besonders hat sich Flüssiggas zum Blasen von Quarzgeräten bewährt. Durch die oxydierende Flamme ist es dem Acetylen überlegen, da die Glasgeräte erheblich klarer und schlierenfreier werden.

c) Brennen von Feinporzellan

Jahrhundertelang wurde Porzellan in Kammeröfen gebrannt. Hierbei wurde das Brenngut in einem Kammerofen gestapelt und nacheinander oxydierend, neutral und reduzierend gebrannt. Diese Öfen, wie sie auch heute noch vielfach mit Generatorgas befeuert werden, erfordern lange Aufheiz- und Abkühlzeiten, da für jede Charge die ganze Ofenkonstruktion von neuem miterhitzt werden muß. Die Einführung des kontinuierlich arbeitenden Tunnelofens brachte entscheidende Wirtschaftlichkeitsverbesserungen. Die Forderung, daß das Brenngut im gleichen Tunnelraum, den es auf Wagen gestapelt durchläuft, nacheinander den verschiedenen Brennbedingungen ausgesetzt wird, erfordert eine große Anzahl kleiner Brenner und eine äußerst konstante Zusammensetzung des Brennstoffes, wie es mit Generatorgas nur schwer möglich ist und deshalb zu relativ hohem Ausschuß führt. Der Brenner im direkt befeuerten Tunnelofen ist nicht nur der Wärmelieferant, sondern gleichzeitig die Einrichtung zur Herstellung der Atmosphäre in den verschiedenen Brennzonen. Dieses erfordert eine äußerst präzise Einstellung sowohl der Wärmeleistung als auch der Gas-Luft-Mischung an jedem einzelnen Brenner, die bei einer schwankenden Gasqualität niemals möglich wäre. Moderne Tunnelöfen mit 90 Gasbrennern sind heute durch die Einführung von Flüssiggas, überwiegend Butan, in dieser Industrie keine Seltenheit.

Während früher gefordert wurde, daß die Generatorgasflamme direkt im Ofen, d.h. unter Berührung des gestapelten Brennguts brannte und durch ungleichmäßige Wärmeverteilung häufig zu Brennfehlern führte, läßt man die Flüssiggasflammen in Vorkammern ausbrennen und versorgt die Brennzonen des Tunnels mit dem heißen ausgebrannten Gas, der durch die Gas-Luft-Mischung hergestellten und geforderten Zusammensetzung.

Die früheren Mineralölzollbestimmungen für Flüssiggas gewährten nur dann Zollfreiheit, wenn der Heizwert des zugeführten Gases nicht mehr als 7000 kcal/m³ betrug. Die Erfüllung dieser Bestimmung wurde anerkannt, wenn eine Gas-Luft-Mischung zugeführt wurde, deren Gemischheizwert diese 7000 kcal/m³ nicht überstieg. Trotz der hierfür erforderlichen komplizierten Gemischregler wurde nach Aufhebung der Mineralölzollbestimmung die Verwendung solcher Vormischungen von Gas und Luft aus einer zentralen Mischanlage beibehalten, da hierdurch der Partialdruck des Butans in der Verteilerleitung gesenkt und damit eine Kondensation des Gases bei niedrigen Temperaturen verhindert wird.

Die Feinporzellanindustrie ist heute einer der größten Flüssiggasverbraucher geworden und genießt damit neben der hohen Wirtschaftlichkeit der Verbrennung den Vorteil einer entscheidenden Verringerung des Ausschusses.

d) Sengen (Glattbrennen) von Garnen

In der Textilindustrie ist es üblich, die Oberfläche von bestimmten Garnen durch Absengen zu glätten. Flüssige Brennstoffe, die mittels Zerstäubern für die Verbrennung aufbereitet werden müssen, können nur in den seltensten Fällen hierfür verwendet werden, da meistens eine äußerste Rückstandsfreiheit der Verbrennung gefordert wird, damit eine Beeinflussung des Fadens über den Sengprozeß hinaus vermieden wird. Sehr häufig wird Leichtbenzin verwendet, das in Spezialvergasern verdampft und in Mischung mit Luft ein sauberes Gas liefert, das auf Grund seines niedrigen Taupunktes, bezogen auf den Benzinanteil, auf längste Strecken in Rohrleitungen transportiert werden kann. Einfacher und billiger ist für diesen Zweck der Einsatz von Propan, das bereits gasförmig direkt aus der Flasche oder bei größerem Verbrauch über einfachste Verdampfer bezogen werden kann.

Der Faden durchläuft im allgemeinen mit Geschwindigkeiten um 700 m je min ein etwa 5 bis 8 cm langes Röhrchen, innerhalb dessen eine Anzahl Sengflammen brennen. Auf den Sengmaschinen werden bis zu 50 Fäden gleichzeitig glattgebrannt. Der Propanverbrauch beträgt etwa 0,7 bis 1 g je 1000 m Garn. Der stündliche Verbrauch einer Sengmaschine mit 50 Brennern beträgt rund 2 bis 2,5 kg Propan. Für die Einstellung der Brenner ist es besonders wichtig, daß die Flammen völlig rußfrei brennen, damit keine Verfärbungen des Fadens auftreten. Dieses setzt eine äußerste Konstanz der Gaszusammensetzung voraus und erfordert somit besonders bei gasförmiger Entnahme aus der Flasche die Verwendung von reinem Propan, da Propan-Butan-Mischungen zwangsläufig einen gleitenden Anstieg des Butangehaltes im entnommenen Gas während der Entnahme aus einer Flasche und damit eine Neigung zur Rußbildung ergeben.

e) Löten jeder Art, auch Blei mit Blei

Das Grundprinzip des Lötens wurde bereits unter 6a im Zusammenhang mit dem Hartlöten eingehend behandelt. Besonderer Erwähnung bedarf im Zusammenhang mit der Verwendung von Flüssiggas das Weichlöten. Abb. 44 zeigt einen Lötbrenner für Propan, bei dem das bekannte

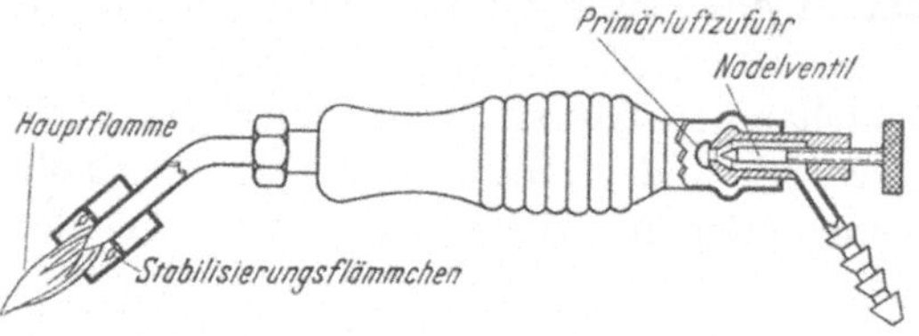

Abb. 44. Lötbrenner für Propan

Prinzip der Stabilisierung der Hauptflamme durch kleine Hilfsflämmchen angewandt ist. Die Injektordüse ist drehbar angebracht, so daß der Schlauchanschluß mit dem Schlauch bei jeder Brennerhaltung nach unten zeigt und die Handhabung nicht behindert. Die Flamme ist durch

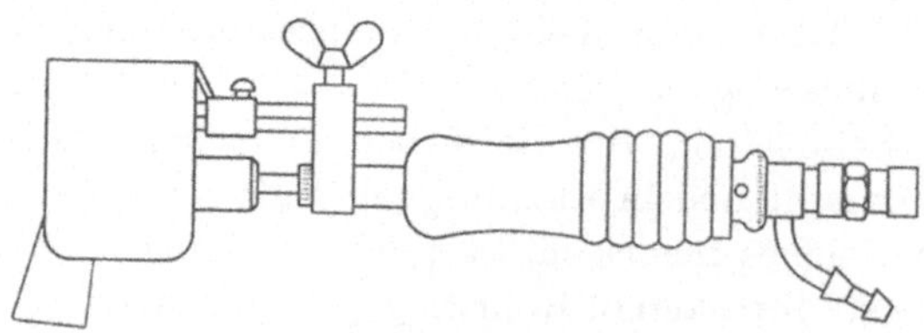

Abb. 45. Lötkolben für Propan

die sie umgebende Hülse gegen Luftzug geschützt. Der in Abb. 45 gezeigte Gaslötkolben enthält den gleichen Brenner. Diese Lötgeräte werden häufig im Zusammenhang mit der Kleinstflasche mit 425 g Inhalt verwendet. Hierdurch steht eine leichte und transportable Lötapparatur zur Verfügung, die auch an entlegenen Arbeitsplätzen bequem gehandhabt werden kann.

Das Verschweißen von Blei mit Blei spielt im Rohrleitungsbau und bei der Herstellung und der Reparatur von Akkumulatorenbatterien eine wichtige Rolle. Der Schmelzpunkt von Blei liegt bei 327 °C, so daß kleine und leichte Brenner verwendet werden können. Die Einhaltung der Werkstücktemperatur in einem sehr engen Bereich, damit das Blei nicht zu dünnflüssig wird und heruntertropft, erfordert eine gewisse Übung. Geeignete Gase zum Bleischweißen sind Wasserstoff, Propan und Stadtgas, während die Acetylen-Sauerstoff-Flamme wegen ihrer zu hohen Temperatur selten hierfür angewandt wird. Für die Schweißung von kleinen Werkstücken ist dem Wasserstoff als Brenngas der Vorzug zu geben, da die Wasserstoff-Sauerstoff-Flamme einen nur geringen Sekundärluftbedarf hat. Die relativ große Sekundärzone der Propan-Sauerstoff-Flamme hüllt kleine Werkstücke zu sehr ein, so daß die Erhitzung schwer beherrschbar ist und zu stark werden kann. Durch die große Sekundärzone der Propanflamme erfordert diese auch eine etwas höhere Schweißgeschwindigkeit.

Die Auskleidung von Stahlbehältern zur Erzielung eines wirkungsvollen Korrosionsschutzes gegen Säuren und andere aggressive Chemikalien kann mittels der in Abb. 37 und 38 dargestellten Spritzpistolen bewerkstelligt werden, doch wird heute überwiegend noch das alte Verfahren mit der Brenngas-Sauerstoff-Flamme angewandt. Da Blei auf Stahl nicht haftet, ist es erforderlich, die Oberfläche vorher zu verzinnen. Wird Propan als Brenngas eingesetzt, so darf nicht wie bei der Wasserstoff-Sauerstoff-Flamme der zentrale Flammkegel zur Aufschmelzung des Bleis benutzt werden. Hierbei würden durch den Kühleffekt aus der sekundären Flammenzone unvollkommene Verbrennungsprodukte ausfallen, die fettartig sind und eine innige Verschmelzung der Zinnschicht mit dem Blei verhindern. Mit Propan lassen sich ausgezeichnete Resultate erzielen, wenn man vermeidet, daß der Flammenkegel das Metall berührt. Die Propan-Sauerstoff-Flamme ist heißer als die Wasserstoff-Sauerstoff-Flamme, so daß die Zinnschicht auch ohne diese Berührung aufgeschmolzen wird. Das größere Volumen der somit als Arbeitsflamme verwendeten Sekundärzone erschwert zwar auch hier die Behandlung kleinerer Teile. Es muß aber berücksichtigt werden, daß die Propan-Sauerstoff-Flamme erheblich billiger ist als die Wasserstoff-Sauerstoff-Flamme. Die Arbeitsgeschwindigkeit bei Benutzung der Sekundärzone der Flamme ist naturgemäß höher.

Beim Arbeiten in Behältern ist es wichtig, zu berücksichtigen, daß Propan ein Kohlenwasserstoff ist und daß sich Kohlensäure als Verbrennungsprodukt bildet, die auf Grund ihres gegenüber Luft hohen

Raumgewichtes dazu neigt, sich auf dem Behälterboden anzusammeln. Es muß also für Belüftung des Behälterinnenraumes während der Arbeit oder, falls dieses nicht möglich ist, für entsprechende Arbeitsunterbrechungen gesorgt werden.

f) Abbrennen von Farbe

Die bequeme Handhabung des Flüssiggases beonders bei Verwendung der Kleinstflasche ermöglicht den Gebrauch dieses Gases zum Abbrennen von Farbresten selbst an schwer erreichbaren Arbeitsplätzen. Solche Brenner zum Entfernen von Farbe oder auch brennbarer Schmutzüberzüge auf Maschinen entsprechen dem in Abb. 44 dargestellten Lötbrenner. Häufig wird ein Spachtel direkt am Brennerkopf befestigt, so daß die den Brenner führende Hand gleichzeitig die mechanische Entfernung der erweichten Farbe bewerkstelligt, während mit der anderen Hand mittels eines kleinen Spachtels die letzten Farbreste abgekratzt werden.

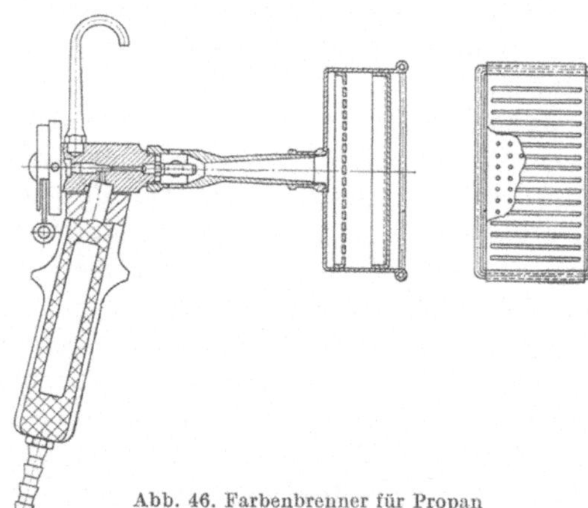

Abb. 46. Farbenbrenner für Propan

Eine interessante Konstruktion eines Farbenabbrenners ist in Abb. 46 dargestellt. Dieses Gerät arbeitet unter Ausnutzung der Wärmestrahlung von zunderbeständigen Blechstreifen, die mittels Gasflammen von der Rückseite erhitzt werden. Die Verbrennung vollzieht sich also in einem getrennten Raum, aus dem lediglich die Verbrennungsprodukte austreten. Hierdurch wird eine Entflammung der erweichten Farbe vermieden. Ein dicht vor dem Brenner entzündeter Holzspan verlöscht beispielsweise sofort durch die feuerlöschende Wirkung der austretenden Kohlensäure. Diese Brenner haben sich speziell beim Abbrennen von Farbe auf Holzteilen als besonders feuersicher und zuverlässig bewährt.

g) Beheizung von Härte- und Glühöfen

Für die Beheizung von Härte- und Glühöfen ist neben dem Wärmepreis manchmal die Reinheit eines Brennstoffes entscheidend. Kleine Glühöfen für Werkstücke aus Spezialstählen werden deshalb häufig mit Propan beheizt. Besonders gute Wärmeausnutzung läßt sich mit Strahlungsbrennern erzielen, wie in Abb. 47 dargestellt (Selas-Brenner). Ein solcher Brenner überträgt die durch die Verbrennung von Propan entwickelte Wärme, ohne daß das Werkstück mit der Flamme in Berührung kommt, ausschließlich durch Strahlung. Die Freiheit in der Brenneranordnung und der breite Regelbereich erlauben eine Wärmeübertragung in beliebigen Temperaturfeldern, so daß einem etwa erforderlichen ungleichen Wärmebedarf über die Oberfläche eines Werkstückes entsprochen werden kann. Dadurch, daß die Wärmeübertragung praktisch gezielt auf das Werkstück erfolgt, wird die Wärme ausschließlich auf das Werkstück übertragen. Hierdurch wird ein Wirkungsgrad erzielt, der bei konvektiver Wärmeübertragung nicht erreichbar ist. Außerdem werden die Ofeneinrichtungen dadurch geschont, daß sie nur gering miterhitzt werden. Diese Brennerkonstruktion wird heute vielfach für Kammeröfen, Tiegelöfen, Durchlauföfen und Fließbanderhitzung eingesetzt. Das Gas wird dem Brenner in stöchiometrischer Mischung mit Luft unter einem Gemischdruck von 20 bis 200 mm WS zugeführt. Die Regelung erfolgt durch Veränderung des Gemischdruckes.

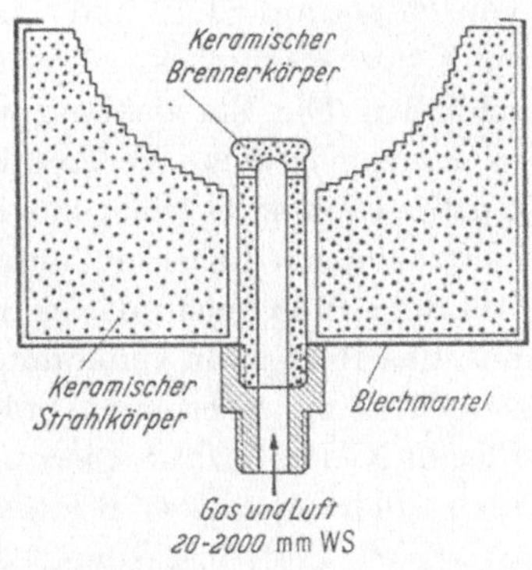

Abb. 47. Strahlungsbrenner (Selas)

In dieses Gebiet gehört auch die Erhitzung von Nieten auf die geforderte Verarbeitungstemperatur. Während für diesen Zweck früher ausschließlich mit Kohle beheizte Schmiedefeuer verwendet wurden, haben sich hierfür heute die gut regelbaren Nietenerhitzer mit Gasbefeuerung durchgesetzt. In Werkstätten, in denen Stadt- bzw. Ferngas oder Generatorgas verfügbar ist, scheidet Propan wegen seines Wärmepreises aus. Bei der Nietenerhitzung auf Baustellen, wie beispielsweise im Brückenbau und auf Schiffen, zeichnet sich jedoch Propan dadurch aus, daß die Ortsgebundenheit fortfällt. Abb. 48 zeigt einen besonders in Frankreich vielfach verwendeten transportablen Nietenerhitzer für Propanbetrieb. Die Verbrennungsluft erfährt in diesem Gerät durch geschickte Umführung eine Vorerhitzung vor dem Eintritt

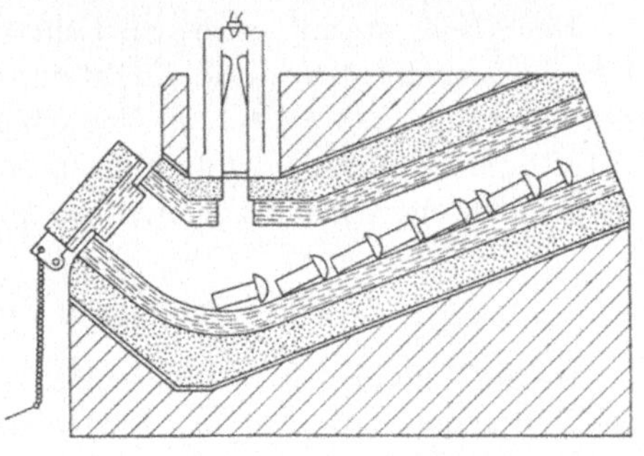

Abb. 48. Nietenerhitzer für Propan

in den Injektor. Die heißen Verbrennungsgase bringen die Ofenauskleidung auf helle Glut, wodurch die auf Grund ihres Gewichtes bis zur Entnahmestelle herabgleitenden Nieten schnell auf die geforderte Temperatur erhitzt werden.

Im Rahmen der sich immer mehr einführenden Wärmebehandlung von Eisen und Stahl und von Metallen unter Schutzgas ist eine Berührung des Werkstückes mit den Verbrennungsgasen unbedingt auszuschließen. Die Entwicklung begann mit elektrisch beheizten Öfen, deren Wärmequelle keine Verbrennungsgase erzeugt. In solchen elektrisch beheizten Öfen ist es leicht möglich, jede gewünschte Ofenatmosphäre, d.h. neutral oder reduzierend, aufrechtzuerhalten. Seit einigen Jahren werden Schutzgasöfen auch mit Gasbeheizung ausgeführt, nachdem man gelernt hat, das Heizgas in vollkommen abgeschlossenen Strahlrohren innerhalb des Ofens zu verbrennen. Solche Strahlrohre bestehen aus hochwertigen Chrom-Nickel-Stahl-Legierungen und sind äußerst empfindlich gegenüber unerwünschten Bestandteilen im Brennstoff, wie beispielsweise Schwefel. Trotzdem kommt Propan zur Beheizung socher Strahlrohre nur äußerst selten in Betracht, da hier der Wärmepreis entscheidend ist. Meistens werden solche Strahlrohröfen mit Generatorgas oder auch Ferngas betrieben. Da der günstigste Temperaturbereich solcher Öfen zwischen 600 und 1100 °C liegt, werden überwiegend rekristallisierende Glühungen bei 720 °C und normalisierende Glühungen bei 920 °C durchgeführt. Der Wärmeverbrauch dieser Öfen, die meistens als Durchlauföfen für kontinuierlichen Betrieb, sog. Rollenherdöfen, ausgebildet sind, beträgt

bei einer Glühtemperatur von 720 °C: 180000 bis 220000 kcal/t Glühgut,
bei einer Glühtemperatur von 920 °C: 240000 bis 280000 kcal/t Glühgut.

Der Ofen ist mit einer gasdichten Einlaufzone versehen. Die Erhitzung auf die geforderte Glühtemperatur erfolgt, wenn erforderlich, mit einer gewissen Haltezeit. Der Glühvorgang und der Abkühlvorgang auf Raumtemperatur erfolgt unter Schutzgas, das aus einem Gemisch von Stickstoff, Wasserstoff, Kohlenoxid und Kohlendioxid besteht.

h) Erzeugung von Schutzgas

Beim Glühvorgang in Luft entsteht zwangsläufig durch die Reaktion des Luftsauerstoffes mit der Stahloberfläche eine Zunderschicht, deren Stärke von der Glühtemperatur und der Dauer abhängig ist. Dieser häufig unerwünschte Angriff der Werkstückoberfläche muß dann in einem weiteren Arbeitsgang, entweder mechanisch, beispielsweise durch Sandstrahlen, oder chemisch durch Beizen entfernt werden. Im allgemeinen ist es wirtschaftlicher, die Bildung einer solchen Zunderschicht dadurch zu verhindern, indem man die Werkstücke in ihrem glühenden

Zustand mit einem Schutzgas umgibt, das neutral bzw. reduzierend ist. Der der Kaltwalzung von Bandeisen zur Normalisierung des Gefüges nachgeschaltete Glühvorgang findet beispielsweise immer in einer solchen Schutzgasatmosphäre statt, die durch ihre neutrale bzw. reduzierende Eigenschaft eine Oxydation verhindert. Die grundlegende Forderung, die an ein Schutzgas gestellt wird, ist, daß es weder freien Sauerstoff enthält, noch solchen unter dem Einfluß der Ofentemperatur abspaltet. Die Herstellung des Schutzgases erfolgt durch Verbrennung eines geeigneten Brenngases unter Luftmangel in einer Brennkammer mit anschließender Aufbereitung in Wasch- und Absorptionskolonnen. Der Wassergehalt, sei es aus der Verbrennung des Wasserstoffgehaltes im eingesetzten Gas oder aus der Feuchtigkeit der Verbrennungsluft, muß erfahrungsgemäß so weit entfernt werden, daß der Taupunkt des Schutzgases unter 7 °C liegt. Maßgebend dafür, ob ein Schutzgas schwach oxydierend, neutral oder reduzierend wirkt, ist dann noch das enthaltene Verhältnis von $CO_2 : CO$ im Verein mit der Glühtemperatur. Je kleiner das Verhältnis $CO_2 : CO$ ist, um so stärker wird der reduzierende Effekt des Gases. Eine künstliche Auswaschung des CO_2-Gehaltes wird bei der Herstellung eines Gases angewandt, das in der Lage ist, aus Kohlenmonoxid nach der Reaktion $CO + CO = CO_2 + C$ reinen Kohlenstoff auszuscheiden und dadurch eine Aufkohlung der Werkstückoberfläche zu bewirken. Dieser Vor-

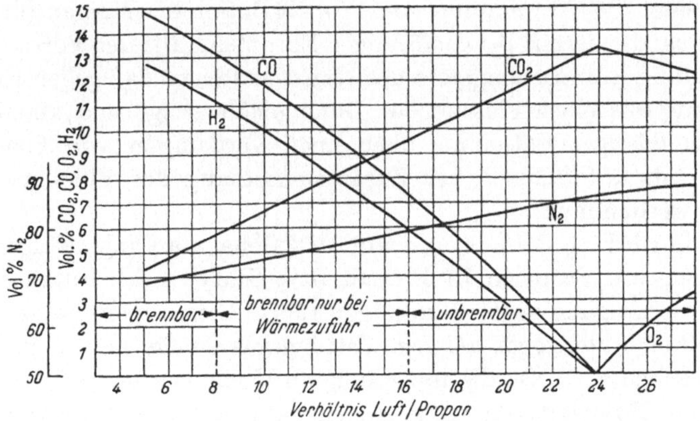

Abb. 49. Schutzgas aus Propan

gang wird durch den Einfluß der Glühtemperatur unterstützt und ersetzt die Einsatzhärtung. Das sich bei unvollkommener Verbrennung bildende CH_4 wird unter dem Einfluß der Temperatur ebenfalls gespalten und unterstützt den Aufkohlungsvorgang durch Lieferung von reinem Kohlenstoff. Abb. 49 zeigt graphisch ein Ergebnis der Schutzgaserzeugung durch Verbrennung von Propan unter Luftmangel.

Entscheidend für die Herstellung eines Schutz- oder Aufkohlungsgases durch unvollkommene Verbrennung eines Brenngases ist somit der Kohlenstoffgehalt des Ausgangsgases, der zur Lieferung von CO herangezogen werden kann. Dieser Anteil beträgt bei Propan 82 Gew.-% und bei Stadtgas nur 39 Gew.-%. Ein weiterer Vorteil zugunsten des Propans liegt in dem geringeren Wasseranfall bei der Verbrennung, da das Wasser sowieso auskondensiert werden muß und damit einen Verlust der für die Schutzgaserzeugung eingesetzten Energie darstellt. Während bei vollkommener Verbrennung aus 1 kg Propan 1,6 kg Wasser anfallen, liefert 1 kg Stadtgas unter gleichen Verbrennungsverhältnissen 2 kg Verbrennungswasser. Der durch den Wasserstoffgehalt im Brenngas somit entstehende Wärmeverlust, bezogen auf den unteren Heizwert des Gases, beträgt hierbei für Propan 8,5% und für Stadtgas 14,5%.

Wenn im vorliegenden Fall ausschließlich von Propan als Ausgangsgas für die Schutzgas- bzw. Aufkohlungsgaserzeugung gesprochen wird, so bedeutet dies nicht, daß Butan für diesen Zweck nicht geeignet ist. Dem Propan wird jedoch wegen seines niedrigen Siedepunktes (−43 °C) und damit seiner günstigen Verdampfungseigenschaften im allgemeinen der Vorzug gegeben. Bei flüssiger Entnahme aus dem Vorratsbehälter mit anschließender Verdampfung in einer beheizten Anlage kann ohne Nachteil Butan für diesen Zweck verwendet werden. Wichtig ist es, daß während des Prozesses die Gaszusammensetzung unverändert bleibt. Damit scheidet die Verwendung von Propan-Butan-Mischungen für diesen Zweck aus, da hiermit bei gasförmiger Entnahme aus der Vorratsflasche zwangsläufig Entmischungen in der Weise entstehen, daß gegen Ende der Entnahme aus einer Flasche der Butangehalt steigt und andererseits auch bei flüssiger Entnahme über einen Verdampfer von Flasche zu Flasche mit unterschiedlicher Zusammensetzung des Flüssiggases gerechnet werden muß.

Häufig wird die Befürchtung laut, daß Gehalte an ungesättigten Verbindungen wie Propylen in Propan bzw. Butylen im Butan bei der Schutzgaserzeugung zu Rußbildungen führt. Dieses trifft nur zu, wenn ungespaltenes Flüssiggas als sog. Fettungsgas einem neutralen Trägergas zugegeben wird. Da die ungesättigten Kohlenwasserstoffe bei etwas geringeren Temperaturen zerfallen, entsteht aus dem Propylen- bzw. Butylenanteil häufig ein Rußregen vor dem Auftreffen auf das Härtegut, während gefordert ist, daß die durch die thermische Spaltung bedingte Kohlenstoffausscheidung erst bei Berührung mit dem Härtegut erfolgt. Bei solchen Anlagen ist also unbedingt eine äußerste Armut an ungesättigten Verbindungen gefordert. Im allgemeinen sollten Gehalte an Propylen bzw. Butylen von 3 bis 5% nicht überschritten werden.

Endotherme Schutz- bzw. Aufkohlungsanlagen können dagegen praktisch jeden Gehalt an ungesättigten Verbindungen vertragen. Während bei Propan und Butan bereits eine Änderung des Gemisches um 4% die Grenze darstellt, die wegen des unterschiedlichen Sauerstoffbedarfs ohne Nachregelung vertragen werden kann, liegt diese Grenze für eine Veränderung von Mischungen aus Propan mit Propylen bzw. Butan mit Butylen bei etwa 40%.

i) Betrieb von Wärmestrahlern

Die Übertragung von Wärme auf eine zu beheizende Fläche kann sowohl durch Konvektion als auch durch eine gerichtete Strahlung bewirkt werden. Die Verwendung des in Abb. 47 dargestellten Selas-Brenners ist ein typisches Beispiel für eine solche gerichtete Wärmeübertragung. Ein anderes Gebiet für die Anwendung von Wärmestrahlung mit großer Wärmedichte ist die Raumbeheizung. Die Beheizung von Räumen mit wiederholtem Kaltlufteintritt durch Öffnen von Einfahrtstoren, z.B. Werfthallen, sowie von Räumen, die nur teilweise nach außen abgeschlossen werden können bzw. in kurzer Frist aufgeheizt werden müssen, wie Kirchen und Versammlungsräume, kann mittels Wärmestrahlung besonders wirtschaftlich erfolgen. Wenn es, wie bei einigen im Handel befindlichen Geräten gelingt, eine Wärmestrahlung mit besonders langer Wellenlänge zu erzeugen, so wird hiermit gleichzeitig eine große Eindringtiefe der Wärmewirkung erreicht, die sich besonders bei Trockenvorgängen günstig auswirkt. Solche Wärme- oder Infrarotstrahler, die unterschiedlich als Hell- und Dunkelstrahler hergestellt werden, haben bereits eine ausgedehnte Anwendung bei der beschleunigten Austrocknung von Neubauten gefunden. Auch für therapeutische Zwecke scheint sich ein umfangreiches Anwendungsgebiet zu erschließen, da die Eindringtiefe der Infrarotstrahlen hierbei ausschlaggebend ist.

Der Einsatz von Propan für diesen Zweck wird durch die einfache Transportmöglichkeit dieses gasförmigen Brennstoffes und damit durch den Fortfall der Ortsgebundenheit und die Unabhängigkeit von einem Leitungsnetz bestimmt.

Besonders interessant auf diesem Gebiet ist der „Schwank"-Strahler, der eine bemerkenswerte Eigenschaft aller gasförmigen Brennstoffe ausnutzt. – Bei diesem Gerät wird das Gas in stöchiometrischer Mischung mit Verbrennungsluft durch gelochte keramische Platten hindurchgeleitet. Die Gas-Luft-Mischung wird wie beim Bunsenbrenner in einem Injektor hergestellt. Die keramischen Platten bestehen aus einem hochporösen gebrannten Ton, der unter Verwendung von Ausbrennstoffen zur Erzielung der Porosität und unter Zusatz von gewissen katalytisch wirkenden Bestandteilen, wie biespielsweise Permanganaten, hergestellt ist. Die Porosität dieses Plattenwerkstoffes hat das Ziel, die Wärmeleitfähigkeit auf ein geringstmögliches Maß herabzusetzen. In diese Platten sind zahlreiche äußerst feine Durchgangsbohrungen für das Gas mit eingeformt. Das entzündete Gas-Luft-Gemisch verbrennt zunächst in Form eines auf der Plattenfläche liegenden blauen Flammenschleiers. Nach kurzer Zeit beginnt die keramische Platte zu glühen, wobei sich die Flamme gleichzeitig in die Bohrungen zurückzieht, so daß letzten Endes die Verbrennung innerhalb der Gasdurchgangsbohrungen erfolgt. Hier kommt die eingangs angedeutete bemerkenswerte Eigenschaft gasförmiger Brennstoffe zur Auswirkung. Das Gas wird in den glühenden Bohrungen, die auf Grund der wärmedämmenden Wirkung des porösen keramischen Werkstoffes die Wärme nur in geringem Maße in ihre Umgebung ableiten, hoch erhitzt. Durch diese Erhitzung steigt die Fortpflanzungsgeschwindigkeit der Verbrennung so stark, daß die Verbrennung gegen die Austrittsgeschwindigkeit der Gas-Luft-Mischung in die Austrittsbohrungen zurückwandert. Gleichzeitig wird die Austrittsgeschwindigkeit durch die Volumenausdehnung des Gases infolge der Erwärmung proportional der Steigerung der absoluten Temperatur ansteigen. Da jedoch der Anstieg der Zündgeschwindigkeit mit der Temperatur steiler erfolgt als die Volumen- und damit Geschwindigkeitsvergrößerung, muß die Flamme in die Bohrung zurückwandern. Ein Zurückschlagen der

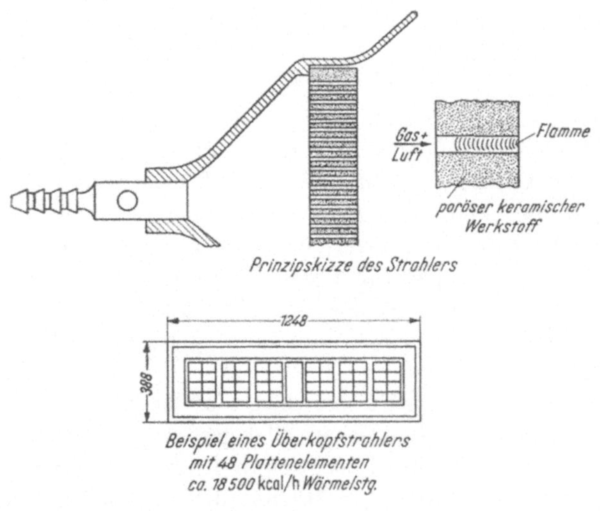

Abb. 50. „Schwank"-Strahler

Flamme in den Gasraum hinter der keramischen Platte erfolgt nicht, da die Rückseite der Platte durch das frische Gas gekühlt wird und somit der Wärmeeinfluß auf das Gas und die Erhöhung der Fortpflanzungsgeschwindigkeit der Verbrennung erst innerhalb der Platte erfolgt. Diese „Schwank"-Strahler werden durch Zusammensetzen von einzelnen Plattenelementen von je 47 × 68 mm Größe den jeweiligen Erfordernissen angepaßt. Der Strahlungswirkungsgrad liegt in der Größenordnung von 40%, der Rest wirkt sich konvektiv als Lufterwärmung durch die Abgase aus. Abb. 50 zeigt ein Ausführungsbeispiel solcher Strahlungsheizer. Die Oberflächentemperatur des Strahlers beträgt 800 bis 900 °C. Die Energiedichte der Infrarotstrahlung ist mit 6 bis 9 kcal je cm² strahlende Fläche und Stunde infolge der hohen Strahlzahl der katalytischen Keramikmasse extrem hoch. Das Energiemaximum liegt bei Wellenlängen zwischen 1,5 und 4 Mikron, d.h. der größten Tiefenwirkung bei physiologischer Heizung.

Die Anwendungsgebiete liegen in der fabrikatorischen Trocknung von Salzen usw. sowie überwiegend in der Raumheizung. Trotzdem nur 40% der zugeführten Wärme in Strahlung umgesetzt werden, lassen sich große Hallen hiermit wirtschaftlich beheizen, da es in vielen Fällen ausreicht, gewisse Arbeitsplätze anzustrahlen, ohne die gesamte Raumluft zu erwärmen. Selbst im Freien lassen sich so Beheizungen erzielen, beispielsweise auf Tribünen bei sportlichen Veranstaltungen oder auf Kaffeeterrassen. Da sich die Strahlungswärme sofort nach dem Einschalten auswirkt, können kurzzeitige Beheizungen in Kirchen und Versammlungsräumen hiermit besonders wirtschaftlich durchgeführt werden, da eine konvektive Raumluftbeheizung lange vor der Veranstaltung begonnen werden müßte und nie auf kurze Zeiträume beschränkt werden könnte.

Ein anderes Strahlungsgerät, das ebenso wie der „Schwank“-Strahler mit Propan betrieben werden kann, ist der sog. Katalytstrahler. Dieser bedient sich der flammenlosen Oberflächenverbrennung, indem das Gas ohne Luft durch eine mit Katalysatoren aufbereitete Steinwolle hindurchgeleitet wird. Die Sauerstoffaufnahme erfolgt auf der Oberfläche unter Wärmeentwicklung ohne Flamme. Die Temperatur dieses Dunkelstrahlers ist im Bereich zwischen 80 und 400 °C regelbar. Die Zündung erfolgt durch einen innerhalb der katalytischen Masse untergebrachten elektrisch aufgeheizten Draht, der nach erfolgter Zündung außer Betrieb gesetzt wird. Abb. 51 zeigt eine Prinzipskizze eines solchen Katalytstrahlers. Diese Strahler haben sich für die Trocknung von empfindlichem Gut, besonders die Wattetrocknung, ausgezeichnet bewährt. Auch für die Beheizung kleiner Räume sind diese Strahlgeräte verwendbar. Die Öffnung des Gaseinlaßventils ist mit dem Heizdraht für die Einleitung des

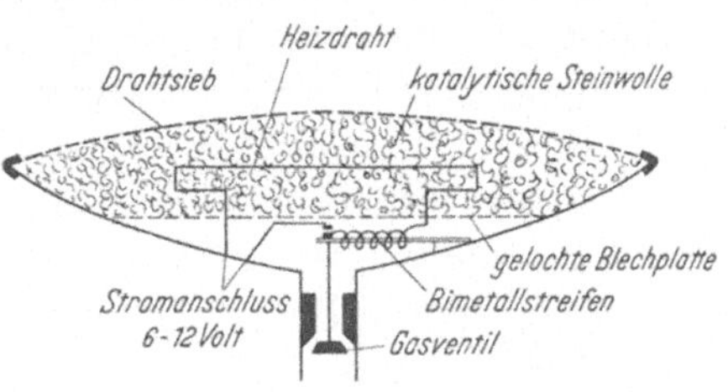

Abb. 51. Prinzipskizze des Katalytstrahlers

Verbrennungsvorganges in der Weise gekoppelt, daß ein Gasdurchtritt unterbunden ist, bevor die Temperatur für den Einsatz der Reaktion erreicht ist.

k) Beleuchtung

Flüssiggas kann in gleicher Weise wie Stadtgas für Beleuchtungszwecke verwendet werden. Eine Schwierigkeit liegt in dem hohen Heizwert gegenüber Leuchtgas begründet. Zur Erzielung des gleichen Leuchteffektes eines Glühkörpers ist immer die gleiche Wärmemenge erforderlich. Da Propan bzw. Butan einen 6- bis 7mal so hohen Heizwert, bezogen auf das Volumen gegenüber Stadtgas, hat, ist nur $^1/_6$ bis $^1/_7$ des Gasvolumens zur Erzielung der gleichen Wärmeleistung zuzuführen. Die dadurch bedingten äußerst feinen Gasdüsen stellen fertigungstechnisch ein nicht geringes Problem dar. Man hilft sich häufig durch Verwendung von zusätzlichen Druckreglern, die den üblichen Betriebsdruck von 500 mm WS auf 20 bzw. 30 mm WS heruntersetzen. Wichtig ist es, daß für Beleuchtungszwecke ein Gas mit genau definierter und konstanter Zusammensetzung verwendet wird, da sonst leicht bei Übergang auf einen höheren Butananteil durch den damit auftretenden Mangel an Verbrennungsluft Verfärbungen des Glühkörpers durch Ruß auftreten können.

Günstig wirkt sich die Eigenschaft von Flüssiggas aus, daß es unter relativ geringem Druck zu verflüssigen ist. Hierdurch sind räumlich günstige Vorratsmöglichkeiten gegeben. Diese Eigenschaft wird bei der Signalbeleuchtung bei der Eisenbahn durch Verwendung kleiner Flaschen, die eine Brenndauer von mehreren Wochen haben, und bei der Seezeichenbeleuchtung ausgenutzt. Die für die Signalbeleuchtung bei der Deutschen Bundesbahn verwendeten Flaschen haben einen Propaninhalt von 1,44 und 2,88 kg. Die Brenndauer der Signallampen mit diesen Flaschen beträgt 2 bzw. 4 Wochen. Bei der Seezeichenbeleuchtung werden Brenndauern bis zu einem halben Jahr und länger ohne Unterbrechung gefordert. Gerade für diesen Zweck wird eine äußerst genaue Einhaltung einer Gaszusammensetzung mit einem Propangehalt von mindestens 95% gefordert. Bereits kleine Ungenauigkeiten können zum vorzeitigen Verlöschen des Seezeichens und damit zu unabsehbaren Folgen führen.

l) Aerosoldosen

Praktisch alle Anwendungsgebiete für die Flüssiggase Propan und Butan benutzen überwiegend die Brennbarkeit dieser Stoffe als wesentliche Eigenschaft, verwenden sie also zur Wärmeerzeugung. Da Flüssiggas jedoch noch weitere hervorstechende Eigenschaften hat, wäre es denkbar, einmal bei einem Anwendungsgebiet auf die Wärmeerzeugungsmöglichkeit zu verzichten, wenn sich dadurch eine Wirtschaftlichkeit ergibt. Die Eigenschaft, daß Flüssiggas unter einem Überdruck im Vorratsbehälter enthalten ist, gäbe beispielsweise die Möglichkeit, es wie Preßluft als Druckgas auszunutzen. Ein solcher Einsatz beispielsweise zum Aufpumpen von Autoreifen wäre absurd, da Preßluft für diesen Zweck billiger und gefahrloser ist. Eine weitere hervorstechende Eigenschaft kann ausgenutzt werden, wie es beispielsweise zur Erzielung des Aerosoleffektes durch die Minerallöslichkeit erreicht wird.

Mischt man Propan oder Butan in unterkühltem flüssigen Zustand mit einer in der Destillationsreihe weit entfernten Mineralölfraktion, beispielsweise einem leichten Spindelöl, so erhält man eine Flüssigkeit mit einem Dampfdruck, der zwischen dem des Flüssiggases und dem des Spindelöles liegt. Da der Dampfdruck des Spindelöles gegenüber dem des Flüssiggases verschwindend gering ist, kann er praktisch vernachlässigt werden. Durch ein geeignetes Mischungsverhältnis Propan zu Spindelöl läßt sich beispielsweise ein Dampfdruck von 2 atü bei Raumtemperatur darstellen. Solche Drücke können von einfachen Blechdosen ausgehalten werden. Wird diese Mischung aus einer solchen Dose nun durch eine feine Düse ins Freie gespritzt, so wirkt sich der große Abstand zwischen Spindelöl und Flüssiggas in der Destillationsreihe dahingehend aus, daß aus jedem Tröpfchen ausgespritzter Flüssigkeit der Flüssiggasanteil spontan verdampft. Diese Verdampfung aus jedem Tröpfchen erfolgt so explosiv, daß eine Zerreißung und Aufspaltung in zahlreiche sehr feine Tröpfchen erfolgt. Die äußerst feine Zerstäubung, die einerseits auf dem hohen Dampfdruck und andererseits auf der Mineralöllöslichkeit beruht, wird als Aerosoleffekt bezeichnet. Die etwa 300 cm³ enthaltenden Dosen, aus denen die Zerstäubung erfolgt, nennt man Aerosoldosen. Abb. 52 zeigt schematisch eine solche Aerosoldose mit einem handbetätigten Druckknopfventil, das mit einem Tauchrohr, das bis dicht auf den Boden der Dose reicht, verbunden ist.

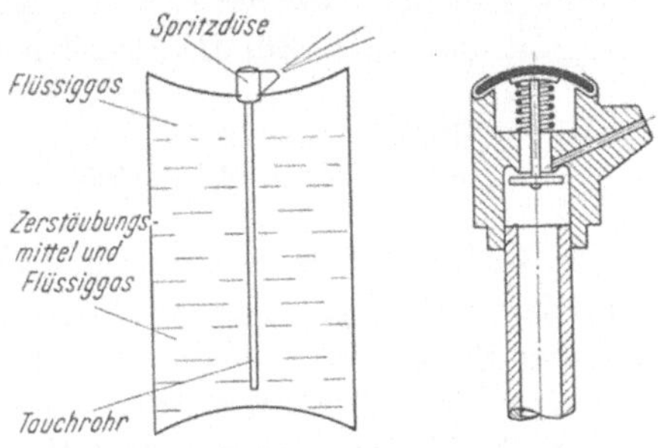

Abb. 52. Aerosoldose

Diese Aerosoldosen werden zum Zerstäuben von Ungeziefervertilgungsmitteln, Rostschutzmitteln, Farben, Lacken usw. verwendet. Es ist bemerkenswert, daß die mit diesem Verfahren erreichte Zerstäubungsfeinheit diejenige beim üblichen Farbenspritzen mit Preßluft bei weitem übertrifft.

Der häufig gegen diese Dosen gebrachte Einwand wegen der Feuergefährlichkeit des Flüssiggases ist gegenstandslos, wenn man berücksichtigt, daß das zu zerstäubende Medium auch alleine schon brennbar ist. Die Entzündbarkeit wird durch die Zerstäubung, sei es mittels Eigendruck der Flüssigkeit in Druckzerstäuberdüsen oder mittels Druckluft, so erhöht, daß, trotzdem der Flammpunkt und der Brennpunkt erheblich über Raumtemperatur liegen, eine Entzündung leicht möglich ist. Man hat festgestellt, daß relativ geringe Zusätze von leichten chlorierten Kohlenwasserstoffen wie Methylenchlorid oder auch Freon die Brennbarkeit des Zerstäubungskegels auch bei Verwendung von Propan und Butan als Druckmittel erheblich herabsetzen bzw. ausschließen.

m) Entnebelung von Flugplätzen

Ein sehr junges Anwendungsgebiet für Propan ist die Entnebelung von Flugplätzen. Nebelbildungen unter dem Gefrierpunkt sind besonders gefürchtet, da diese häufig tagelang anhalten. Das Verspritzen von flüssigem Propan in die Luft führt zu spontaner Verdampfung und damit intensiver Abkühlung. Hierdurch werden die den Nebel bildenden aerosolfeinen Wassertröpfchen so abgekühlt, daß sie als Schnee zu Boden fallen.

Erste Versuche mit diesem Verfahren brachten vollen Erfolg. Auf dem Pariser Flughafen Orly konnten durch dieses Entnebelungsverfahren allein an drei aufeinanderfolgenden Tagen über 89 Landungen und über 100 Starts durchgeführt werden, die sonst unmöglich gewesen wären. Die stündlichen Propankosten betrugen etwa DM 90,–.

Untersuchungen haben gezeigt, daß bereits in einigen Metern Entfernung von der Ausblasstelle die Propankonzentration in der Luft so gering ist, daß keine Zündfähigkeit mehr gegeben ist.

n) Entsalzung von Meerwasser

Der Bedarf an Süßwasser steigt ständig. In Zukunft wird man immer mehr dazu übergehen müssen, Süßwasser aus dem Meer zu gewinnen. An vielen Stellen der Erde, insbesondere in den USA, wird an dieser Aufgabe gearbeitet. Die Erzeugungskosten von Süßwasser aus Meerwasser liegen in der Größenordnung von DM 1,–/m³, beim Verwenden von Brackwasser bis 1 % Salzgehalt betragen sie nur etwa $^1/_{10}$ davon. Die Gewinnungskosten sind jedoch meistens noch zu hoch für die Bewässerung regenarmer Gebiete. Während Meerwasser 3,5 % Salz enthält, sollte der Salzgehalt für Trinkwasser unterhalb 0,05 % und für landwirtschaftlich genutztes Wasser unter 0,1 % liegen. Der Preis für Gebrauchswasser sollte 30 Pf/m³ und für Bewässerungswasser 13 Pf/m³ nicht überschreiten.

Drei Verfahren haben Aussicht auf Erfolg:

1. das Destillieren insbesondere mit mehrstufiger Entspannungsverdampfung oder mit Brüdenverdichtung,

2. das Ausfrierverfahren,

3. das Dialyseverfahren mit ionendurchlässigen Membranen in Verbindung mit Elektrodialyse oder Osmose.

Für die Verwendung von Propan ist das unter 2. genannte Verfahren interessant. Es ist bekannt, daß die Eiskristalle von gefrorenem Meerwasser salzfrei sind. Der Vorteil liegt darin, daß, statt die hohe Verdampfungswärme zuzuführen, nur die wesentlich kleinere Schmelzwärme abgeführt zu werden braucht und daß der Temperaturunterschied gegenüber der Umgebung geringer ist. Leider ist jedoch die Kälteerzeugung teurer als die Wärmeerzeugung. Eine entscheidende Schwierigkeit liegt in der Trennung der Eiskristalle von der Salzsole.

Statt der Verwendung teurer Kältemaschinen wird häufig dem Meerwasser ein Kältemittel, z.B. Butan, zugemischt, dessen Verdampfung die nötige Kälte erzeugt.

Besonders interessant ist ein Verfahren, bei dem man dem Meerwasser flüssiges Propan zusetzt, das unter erniedrigtem Druck verdampft und die Lösung abkühlt. In der Kälte findet nur bei dem nichtverdampften Propananteil eine Hydration statt. Jedes Propanmolekül wird von 17 oder 18 Wassermolekülen eingeschlossen. Das sich bildende feste Hydrat, das man durch Waschen und Zentrifugieren von der Salzlösung trennt, zerfällt beim Erwärmen wieder in salzfreies Wasser und flüssiges Propan, die sich beide infolge ihrer unterschiedlichen Dichte voneinander trennen lassen.

o) Schwimmbadbeheizung

Die Beheizung von Schwimmbädern in mehr oder weniger großen Bassins im Freien spielt in zunehmendem Maß eine Rolle. Besonders die kleinen privaten „Swimming Pools“ sind in dieser Beziehung ein Problem. Elektrische Beheizung ist kostenmäßig praktisch indiskutabel. Der häufig gebaute Anschluß an die häusliche Zentralheizung ist nicht nur wärmetechnisch wenig wirtschaftlich, sondern erfordert Kesselanlagen. die häufig den Wärmebedarf des Hauses erheblich überschreiten.

Interessant ist der Einbau von Taucherhitzern mit Propan. Es handelt sich hierbei um senkrecht in das Wasser hineinragende Rohre, in denen eine Propanflamme mit Druckluft aus einem kleinen Gebläse brennt. Die Zündung erfolgt thermostatisch gesteuert wie beim Heizungsbrenner durch einen Hochspannungsfunken. Dadurch, daß die heißen Verbrennungsgase direkt in das Wasser gehen, arbeitet dieses Verfahren verlustfrei. Der einzige Einfluß auf das Wasser ist ein leichter Abfall des pH-

Wertes durch die Kohlensäureaufnahme. Aus diesem Grunde ist ein geringer Zusatz an Soda zweckmäßig. Ein privater „Swimming Pool" von 3 × 6 m Fläche und einer Tiefe von 1,5 m enthält 27 m³ Wasser. Eine Erwärmung um 10 °C erfordert einen Wärmebedarf von 135000 kcal. Das entspricht der Verbrennungswärme, d.h. dem oberen Heizwert von etwa 11 kg Propan, also dem Inhalt einer normalen Haushaltsflasche. Eine solche Anlage hat neben der Billigkeit und Wirtschaftlichkeit den Vorteil einer jederzeitigen schnellen Betriebsbereitschaft.

p) Pflanzenwuchsförderung durch Kohlensäure

Anfang des 17. Jahrhunderts führte JEAN BAPTISTE VAN HELMONT ein Brüsseler Bürger, ein interessantes Experiment durch. Er pflanzte eine $2^1/_2$ kg schwere Weide in einen Behälter mit 100 kg restlos trockener Erde. Der Baum wurde regelmäßig begossen und wog nach 5 Jahren 85 kg. Die Erde hatte nur wenige Gramm an Gewicht verloren. Aus diesem Experiment wurde abgeleitet, welche Bedeutung selbst geringste Mengen Mineralstoffe im Boden für den Pflanzenwuchs haben. Aber auch die Erkenntnis ist von Bedeutung, daß der wichtigste Nährstoff der Pflanze die in der Luft enthaltene Menge Kohlensäure und das Wasser sind. Die Pflanze bildet durch den heute noch nicht chemisch darstellbaren Prozeß, die Photosynthese unter Zuhilfenahme von Licht, aus Kohlensäure und Wasser Kohlehydrate, wobei Sauerstoff abgespalten wird.

Unsere Atemluft enthält 0,03% Kohlensäure. Bereits zu Beginn unseres Jahrhunderts wurden erste Versuche gemacht, die Luft in Gewächshäusern mit zusätzlicher Kohlensäure anzureichern. Die Versuche wurden bis in die jüngste Zeit mit wechselnden Erfolgen fortgesetzt. Es lag nahe, die Kohlensäure zur Anreicherung der Gewächshausatmosphäre durch Verbrennung herzustellen. Erst spät kam man darauf, daß die wiederholten Mißerfolge auf den Gehalt an Schwefeldioxid der Verbrennungsgase zurückzuführen waren, und nun gelang es, die Mißerfolge restlos auszuschalten, indem reinste Kohlensäure aus Flaschen in die Gewächshäuser geblasen wurde. Die Schädlichkeitsgrenze für Schwefeldioxid wurde mit 0,15 bis 0,4 ppm festgestellt. Bei einer Anreicherung der Gewächshausluft auf 0,1 bis 0,14% Kohlensäuregehalt bedeutet dies, daß ein Brennstoff als Kohlensäureerzeuger nicht mehr als 0,03 bis 0,09% Schwefel enthalten darf.

Diese Bedingung wird nur von Flüssiggas und besonders entschwefeltem Petroleum erfüllt. Normales Petroleum, das einen Schwefelgehalt von 0,2% hat, führt zu deutlich erkennbaren Pflanzenschäden.

Nach der Norm darf Flüssiggas maximal 0,005% (= 50 ppm) Gesamtschwefel enthalten. Der Ausfall liegt meistens bei 0,002 ppm und geringer. Flüssiggas ist also ausgesprochen schwefelarm und damit ein ausgezeichneter Brennstoff zur Kohlensäureerzeugung in Gewächshäusern.

Nach neuesten Erfahrungen im klassischen Gewächshausland Holland wird je m^3 Gewächshausraum stündlich rund 1 g Propan benötigt. Die Anreicherung mit Kohlensäure beschränkt sich nur auf die Tageszeit, da die Photosynthese nur bei Licht abläuft.

Der Vorteil dieses Verfahrens der „Pflanzendüngung" mit Kohlensäure liegt in einem erheblich beschleunigten Pflanzenwachstum. Dadurch ist es möglich, Pflanzen und Früchte früher und somit mit höherem Erlös auf den Markt zu bringen. Die erzielte Qualität ist außerdem besser und rechtfertigt zusätzlich höhere Preise. Der Flüssiggasbedarf ist relativ gering und rentiert sich in jedem Fall.

Die verwendeten Brenner sind äußerst einfach. Es wird lediglich ein guter und ungestörter Ausbrand der Flamme gefordert. – Meistens handelt es sich um einfachste atmosphärische Bunsenbrenner. Die Prüfung des Kohlensäuregehalts in der Luft erfolgt am zweckmäßigsten mit den bekannten Prüfröhrchen, durch die eine Luftprobe hindurchgesaugt wird und an deren Verfärbung direkt der in der Luft enthaltene Prozentsatz Kohlensäure abgelesen werden kann.

q) Unkrautvertilgung

Ein weiteres interessantes Anwendungsgebiet für Flüssiggas in der Landwirtschaft ist die Unkrautvertilgung durch Propanflammen. Dieses Verfahren kann sowohl von Hand mit transportablen kleinen Flaschen als auch mit fahrbaren Maschinen durchgeführt werden.

Die Flammen werden zwischen den Pflanzenreihen entlang geführt und zerstören das Unkraut. Gegenüber der mechanischen Unkrautbeseitigung durch Hacken bietet dieses Verfahren eine Anzahl entscheidender Vorteile:

1. Läßt die Wurzeln der Pflanzen unbeschädigt.
2. Trocknet den Boden in der Tiefe erheblich weniger aus.
3. Fördert keine weiteren Unkrautsamen an die Oberfläche.
4. Vernichtet schädliche Insekten und erspart die Verwendung von Insektiziden.
5. Kann auch bei nassem Boden angewandt werden.

In den Vereinigten Staaten von Amerika wird dieses Verfahren der Unkrautvernichtung mit großem Erfolg angewandt für

Mais, Baumwolle, Erdnüsse, Hopfen, Zuckerrohr, Zwiebeln, Tabak, Alfafa, Spargel, Kohl, Sojabohnen, Blumenkohl, Knoblauch, Hirse, Kartoffeln, Erdbeeren, Bohnen, Tomaten, Rüben usw.

Bei einer Fortschrittsgeschwindigkeit von rund 10 km/h können täglich rund 3,8 ha bearbeitet werden. Die Kosten betragen unter diesen Bedingungen etwa DM 8,– je ha.

In Amerika hat sich auch das Abbrennen der Blätter der Kartoffelpflanzen zur Erleichterung der Ernte als wirtschaftlich erwiesen.

Die Verwertung der stachelbewehrten Kakteen in Wüstengebieten als Viehfutter wird durch Abbrennen der Stachel ermöglicht, wobei der wasserhaltige Pflanzenkörper unbeschädigt bleibt.

r) Das Brennstoffelement

Die direkte Erzeugung von elektrischer Energie aus den 2 Reaktionspartnern Brennstoff und Sauerstoff bzw. Luft ist, seitdem W. Ostwald eine solche Möglichkeit bereits im Jahre 1894 vorausgesagt hatte, heute über den etwas utopischen Wunschtraum zu einer greifbaren Verwirklichung hinausgeschritten.

Die Idee ist, den komplizierten Umweg über die Wärmeerzeugung bis zur letzlichen Stromerzeugung, der mit Rücksicht auf den zweiten Hauptsatz der Wärmelehre nur zu 30- bis 40%iger Ausnutzung der durch den Heizwert gegebenen Energie zu mechanischer Energie führt, zu verkürzen. Im Brennstoffelement wird die beim Verbrennungsprozeß freiwerdende Energie direkt in elektrische Energie umgesetzt, also nicht auf dem Umweg über die Wärme. Hierbei sind Umsetzungswirkungsgrade bis 85% denkbar, also eine 2- bis 3fache bessere Ausnutzung der dem Brennstoff innewohnenden Energie.

Die elektrische Ausnutzung einer chemischen Reaktion von 2 Partnern miteinander ist bereits vom galvanischen Element her lange bekannt. Auch das Leclanché-Element, der Vorläufer unserer Taschenlampenbatterie, ist im Prinzip nichts anderes als das Brennstoffelement, bei dem die beiden Partner Brennstoff und Sauerstoff über einen Elektrolyten miteinander in Verbindung stehen. Die beim konventionellen Verbrennungsvorgang zwischen den Molekülen des Brennstoffes und denen des Sauerstoffs ausgetauschten Elektronen werden hier in einen äußeren Stromkreis geleitet, während sie bei den üblichen Verbrennungsvorgängen gewissermaßen im „inneren" Kurzschluß übergehen. Durch metallische Katalysatoren wie Nickel, Palladium oder Platin wird die für die Überführung der Wasserstoffmoleküle (H_2) in Wasserstoffatome (H) erforderliche Energieschwelle, die Aktivierungsenergie, genügend erniedrigt, um brauchbare Reaktionsgeschwindigkeiten zu erreichen.

In dem damit einfachsten Fall, der Verwendung von Wasserstoff und Sauerstoff mit Kalilauge als Elektrolyt, gibt ein Teil der Wasserstoffatome freiwillig seine Elektronen ab. Es bilden sich positiv geladene Wasserstoffionen, die in den Elektrolyten übergehen, aber zunächst unter Bildung einer elektrisch geladenen Doppelschicht in der Nähe der Elektrode verbleiben.

Entsprechende Reaktionen gehen an der Sauerstoffelektrode vor sich. Hier bilden sich aus dem Sauerstoffmolekül (O_2) zwei Sauerstoffatome (O) und aus diesen unter Mitwirkung von Wasser und Aufnahme je eines Elektrons OH-Ionen, die zunächst an der Sauerstoffelektrode ebenfalls unter Bildung einer elektrisch geladenen Doppelschicht verbleiben.

Werden nunmehr die beiden Elektroden durch einen äußeren Stromkreis miteinander verbunden, so kommt ein Elektronenstrom durch den äußeren Leiter und ein Ionenstrom durch den Elektrolyten zustande.

Dabei hat der Elektrolyt, in diesem Fall meistens Kalilauge, die Aufgabe, den elektrischen Strom durch Wanderung von OH-Ionen zu leiten. Daher erfolgt die Bildung von Wasser an der Wasserstoffelektrode durch Neutralisation der hier vorhandenen H-Ionen mit den zugewanderten OH-Ionen.

Die Verwendung von Kohlenwasserstoffen als Brennstoff in solchen Elementen ist erheblich komplizierter und schwieriger zu verwirklichen. Erste Versuche mit Propan-Sauerstoff-Elementen unter Verwendung von anfänglich Schwefelsäure, neuerdings Phosphorsäure als Elektrolyten, haben jedoch bereits vielversprechende Ergebnisse gebracht. Der Vorteil von Propan gegenüber Wasserstoff liegt in dem erheblich geringeren Transportgewicht der Niederdruckflaschen für ein Flüssiggas und der leichteren Beschaffbarkeit. Mit Sicherheit wird Propan als Brennstoff den z.Z. favorisierten Brennstoff, Hydrazin, überflügeln. In Konkurrenz zu Propan steht allerdings das heute noch gegenüber Propan leichter umsetzbare Methanol.

Als Brennstoff für Brennstoffelemente könnte sich für Propan also ein völlig neues und nicht abzusehendes Anwendungsgebiet erschließen, wenngleich es für die wirklich großtechnische Erschließung des Brennstoffelements immer das Ziel bleiben wird und muß, einen leicht handhabbaren flüssigen Brennstoff zu verwenden.

s) Weitere Anwendungsgebiete

In der Industrie, im Gewerbe und im Haushalt gibt es noch zahlreiche weitere Anwendungsgebiete für Flüssiggas, sei es Propan oder Butan oder Mischungen aus diesen Gasen. Fast ausschließlich ist hierbei die Voraussetzung entscheidend, daß Stadtgas nicht verfügbar ist. Gedacht ist an Wäschereien, Schlachtereien usw. Sehr häufig wird Flüssiggas für Teerkocher im Straßenbau und auf Baustellen verwendet. Ein neues Anwendungsgebiet erschließt sich z.Z. in der Tabaktrocknung. Hierbei scheint die Zusammensetzung der Abgase einen günstigen Einfluß auf die Farbe und den Geschmack auszuüben. Einfache Brenner unter Drahtschutzhauben sorgen für eine direkte Erwärmung der Raumluft und liefern eine im engsten Temperaturbereich regelbare Beheizung.

Mit Benzin betriebene Explosionsrammen können ebenfalls mit Propan betrieben werden. Es wäre denkbar, das Druckmedium „Preßluft" in den bekannten Preßlufthämmern durch Flüssiggasexplosionen zu ersetzen. Hierdurch würde der Luftkompressor mit seinem großen technischen Aufwand überflüssig. Jeder Explosionshammer stände dann nur durch einen Druckschlauch mit einer Flüssiggasflasche in Verbindung.

Der Brennstoff „Flüssiggas", der noch vor nicht allzu langer Zeit mangels Verwendungsmöglichkeit in den Herstellungswerken teilweise abgefackelt werden mußte, hat in der Industrie, im Gewerbe und im Haushalt Eingang gefunden, so daß er nicht mehr wegzudenken ist. Neue Anwendungsgebiete werden laufend erschlossen, so daß heute nicht mehr die Rede von einer Flüssiggasschwemme sein kann.

7. Quellenangaben

LEHMANN, H., u. K. H. OLSCHEWSKI: Flammhärten mit Flüssiggas-Sauerstoff-Hochleistungsbrenner. Gas-Wärme 12 (1963) 463–472

OLSCHEWSKI, H. K.: Stabilisierung von Flüssiggas/Sauerstoff-Flammen. Gas-Wärme, 6 (1963) 233–243.

WITTWER, S. W., and WILLIAM ROBB: Carbon Dioxide Enrichment of Greenhouse Atmospheres for Food Crop Produktion. Economic Botany USA Vol. 18, No. 1, Jan.–März (1964) 34–53.

HAUSEN, H.: Gewinnung von Süßwasser aus dem Meer. Z. VDI 9 (1964) 348–350.

New Saline Water Conversion Process. Engineering Vol. 197 v. 15. 5. 64, 685.

BINDER, H., A. KÖHLING, H. KRUPP, K. RICHTER, G. SANDSTEDE, Battelle Institut e.V., Frankfurt: Electrochemical Oxidation of Certain Hydrocarbons and Carbon Monoxide in Dilube Sulfuric Acid. Journal of the Electrochemical Society Vol. 112, No. 3, March 65, 355–359.

HERRMANN, W., HORST JAHNKE, Robert Bosch GmbH, Stuttgart: Fortschritte bei der elektrochemischen Verbrennung in Brennstoffzellen. Bosch Technische Berichte Bd. 1, Heft 2, März 65, 80–84.

NIEDRACH, I. L., and H. R. ALFORD: Saturated Hydrocarbon Fuel Cell. Journal of the Electrochemical Society, Oktober 1963, Vol. 110, No. 10.

HERRMANN, W., Stuttgart: Die Brennstoffzelle als Energiequelle. Die elektrische Ausrüstung Heft 3 vom 10. Juni 1964.

WEISS, L.: Praktisches Propan-Brennschneiden. Hansa Zentralorgan für Schifffahrt, Heft 46/47 (1956).

OLDENBURG, G., Verwendung von Flüssiggas in der Industrie. Erdöl und Kohle, April 1961, 281–285.

OLDENBURG, G.: Brennschneiden mit Propan. Hansa Zentralorgan für Schifffahrt. Heft 24/25 (1954).